実践
建設カーボンニュートラル

コンクリートから
生まれる
45兆円の新ビジネス

日経BP

はじめに

世界中で新型コロナウイルスのパンデミック（世界的大流行）が猛威を振るった2020年に、百を超える国や地域がこぞって2050年までの「カーボンニュートラル」を宣言した。そして、これを機に世界の流れが大きく変わっていった。地球規模で、全世界の全産業が同じベクトルで動き出したのである。

同時に人類は、新型コロナによるロックダウンで厳しい活動制限を余儀なくされて、2020年には世界のGDP（国内総生産）が3％低下したことを知った。しかし、活動制限に伴うCO_2（二酸化炭素）排出量の低減率はわずか7％に過ぎなかったのである。つまり、2050年に実質CO_2排出量をゼロにするということの困難さも同時に実感したと言えよう。カーボンニュートラルは、途方もないコストと技術革新が必要なのである。

筆者のいる建設業界は大量のCO_2を排出する産業の1つだ。製造段階で全世界の8・5％のCO_2を排出するセメントを主要材料として使う。そして、橋や建物といった構造物の構造コンクリートに使用されるセメントは、全セメントの60％を占めると言われている。つまり、構造コンクリートのセメントが排出するCO_2の量は、人類が排出する量の約5％にも及ぶのだ。

また、建設のサプライチェーン全体でのCO_2排出量は、日本の建設投資から類推すると、約20％に上る。構造コンクリートの主材料であるセメントと鋼材は、業界を挙げて脱炭素化が進められている。

コンクリートのユーザーは、いずれゼロカーボンの材料を手に入れることができるようになるだろう。しかし、それまで待っていられない。サプライチェーンの現場では既に低炭素技術を求めており、早急に対応していかなければならないためだ。実際、低炭素コンクリート（製造段階でCO_2排出量を大幅に減らした材料を利用したコンクリート）は、さまざまな機関で開発され、実用化も始まっている。さらに、構造コンクリートは製造段階だけでなく、建設後の供用段階でも保全を通じてCO_2を排出するため、供用時のCO_2排出量を減らす工夫も必要だ。しかし、この各段階でのデータがほとんどそろっていない、という現状がある。

筆者が所属する世界的なコンクリート学会である*fib*（Fédération internationale du béton：国際コンクリート連合）は、構造コンクリートのライフサイクルにわたるCO_2排出量のデータを集め、そのプラットフォームを構築する特別委員会（SAG、Special Activity Group）を2022年に始動させた。構造コンクリートは人類のCO_2排出量の大きな部分を占める――。この事実はリスクではなく我々にとって大きなチャンスであることを認識しなければならない。技術革新によるイノベーションの可能性を秘めているのだ。


現在、コンクリート構造物に特化したライフサイクルでのカーボンニュートラル対応の実践的な本はない。本書は、単なる低炭素技術の紹介本ではない。コンクリート構造物（特に橋）のサプライチェーンに沿ったカーボンニュートラルの在り方を解説し、その具体的対応策に関して、今使える技術やノウハウを基本に紹介するものである。

まず第1章では、経済活動と綿密に連動しているCO$_2$排出量の関係を知るために、経済的視点から見たカーボンニュートラルをひもといていく。CO$_2$排出量とGDPの関係や、低炭素、脱炭素技術にどれくらいの価値が付くのかなどを考えていく。

第2章では、コンクリート構造物に焦点を当てて、そのサプライチェーンの各段階でのCO$_2$排出量を様々な角度から解説する。欧州基準やCDP（Carbon Disclosure Project）における材料供給者、設計者、施工者、事業者ごとの考え方、建設費から大まかにCO$_2$排出量を算出する指標も提案する。

第3章は、建設サプライチェーンの材料製造段階における低炭素技術の解説である。コンクリートに焦点を当てて、構造物に使用可能な技術を紹介し、どの程度のCO$_2$排出量削減が可能かを試算する。低炭素コンクリートを用いた場合の留意点や、プレキャスト工法が持つ低炭素化、脱炭素化の可能性に触れ、世界の潮流になりつつある「オフサイトコンストラクション」の利点にも言及する。

第4章は、建設後の供用段階における低炭素技術の解説である。新設構造物であれば超高耐久化と社会活動への影響も加味した最適な保全計画が必要になる。また、既設構造物であれば、強靱化による防災が結果的にCO$_2$排出量を減らすことになる。そして、この防災に民間資金を投入する金融スキームについての動きや海外での先進的な取り組み、コンクリートのCO$_2$吸収に関する最新の動向も紹介する。

第5章では、供用段階終了後の解体と循環型経済に資する新しいライフサイクルへの取り組みに触れる。日本ではこの領域はほとんどまだ手がついていないが、既に取り組んでいるオランダの例が興味深い。まだ開発途上であるが、解体した部材のリユースは、材料段階のCO_2排出量を大幅に削減できる。

第6章は、コンクリート構造物のライフサイクルにわたるLCA（Life Cycle Assessment）の最適化の実例を、今使える低炭素技術で試算してみる。

第7章は、*fib* の特別委員会やロードマップなどの低炭素技術に関する動き、カーボンニュートラルの取り組みに先進的なオランダとノルウェーの事例を示す。そして、日本がどのようにこの領域の新技術を国際的に展開すべきかを論ずる。

第8章は、カーボンニュートラルを経営戦略に生かすために、DX（デジタルトランスフォーメーション）による生産性向上での低炭素化、脱炭素化の貢献度や、SX（サステナビリティトランスフォーメーション）に資する建設周辺の新規事業の可能性を探る。DXとSXは、これまでの建設産業の業態を大きく変えるポテンシャルを持つことも示す。

そして、第9章で低炭素技術に関するこれからの課題、つまり、まだ残っているCO_2削減量に関するルール作りや第三者認証の確立、コストがかかる低炭素技術の開発のためのインセンティブなどをまとめる。また、インフラ保全の大きな課題である「人」と「金」の解決策を探り、ライフサイクルのCO_2排出量の約半分を占めるこの領域をいかに低炭素化するかを論じる。

本書を通して、建設のサプライチェーンにおけるCO_2の排出量削減の義務を誰が負うのか、そして、時間の大半を占める供用段階でどういった低炭素、脱炭素の技術が求められるのか、などの点を明確にしたい。特に大きく関わる必要がある設計者や事業者に参考にしてほしい。

また、基礎知識として第1章と第2章を読んだ後に、サプライチェーンで自分が関係する章に目を通すという使い方も可能である。

本書では、建設のカーボンニュートラルの技術的側面だけでなく、実現するための経済的側面にも注目している。建設に携わる人たちが、カーボンニュートラル実現のためにどうやって資金を調達していくのか――この本がパラダイムシフトにつながれば幸いだ。

カーボンニュートラルへの対応は、人類にとって未知の領域である。そして、残念ながら欧州を中心にルール作りが先行しているが、対応する低炭素、脱炭素技術に関しては全世界がスタートライン上にあると言っても過言ではない。つまり、誰にでも一歩先に出て世界のイニシアティブを握るチャンスがある。

これまで世界をリードすることが苦手だった日本にとって、二度とないチャンスであると捉えなければならない。カーボンニュートラルへの道のりは長い。従って世代を超えた行動が必須である。本書から何かヒントをつかんでもらえれば、著者としてこれ以上の喜びはない。

contents

第4章 供用段階で使える低炭素技術

第1章
日本のカーボンニュートラルの現在地

カーボンニュートラルはとてつもない挑戦

chapter 1-1

CO_2排出量の6％を占める構造コンクリート

欧州のデータによれば、セメントの60％が構造コンクリート（鉄筋など鋼材で補強されたコンクリート）に使用されている（図1－1）文献(1)。また、コンクリートが排出するCO_2（二酸化炭素）は世界全体で年間28億tCO_2に上る(2)。仮に世界の使用率が欧州と同じだとしたら、世界の全CO_2の5・2％を構造コンクリートのコンクリートが排出していることになる（図1－2）。

また、構造コンクリートの補強材として用いられる鉄筋や鉄骨などの鋼材は、鉄鋼の年間35億tCO_2排出量(3)(4)の10％を占め(5)(6)、世界の排出量の1・1％になる。つまり、構造コンクリートの主要な材料だけで年間約6％のCO_2排出量になる。

私たちは指をくわえてこれらの材料がゼロカーボンを達成するのを待つわけにはいかない。カーボンニュートラルへのカウントダウンは既に始まっている。これから2050年に向かって、私たちは構造コンクリートのカーボンニュートラルに資する活動に注力していくことになる。それも、今すぐに。コンクリート構造物のライフサイクルは長いため、材料のみならず、建設やその後の長い供用期間、そして解体までを考えると、CO_2排出量は膨大な量になる。

図1-1 ● 欧州におけるセメントの用途(2015年)(出所:文献(1))

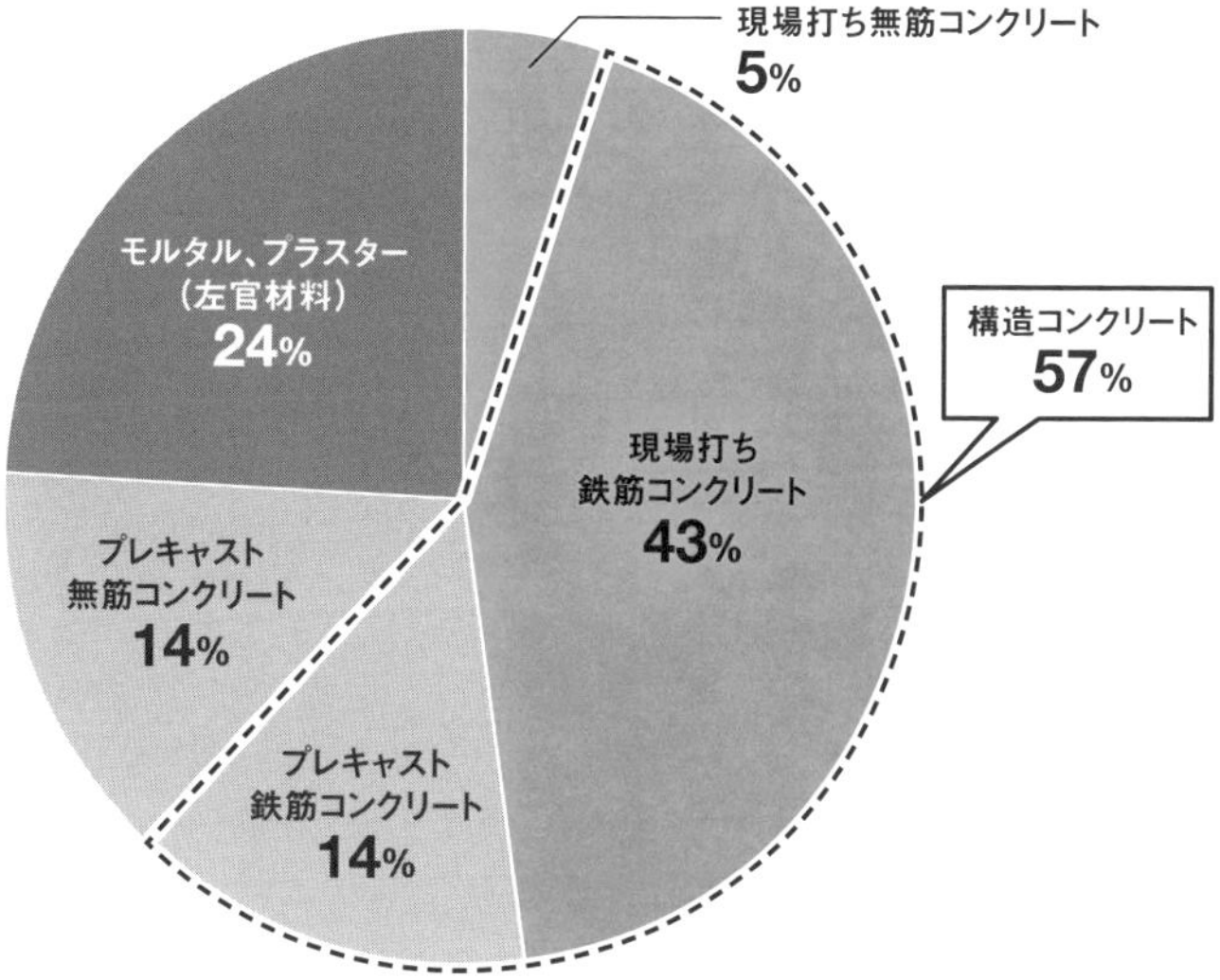

図1-2 ● 構造コンクリートの主要材料が製造段階で排出するCO_2の割合
(出所:214ページまで特記以外はすべて筆者)

全世界のコンクリートが排出する年間CO_2量

28億tCO_2

*CO_2排出量は2018年時点

▶ **構造コンクリートに使われるコンクリートのCO_2排出量**

28億tCO_2×60%=16.8億tCO_2

*世界における構造コンクリートに使われるコンクリートの割合が欧州と同じと仮定

▶ **全世界の年間CO_2排出量に占める、構造コンクリートに使われるコンクリートのCO_2排出量の比率**

16.8億tCO_2÷325億tCO_2=5.2%

*年間のCO_2排出量は2017年時点

全世界の鉄鋼の製造過程で排出する年間CO_2量

35億tCO_2

*CO_2排出量は2020年時点

▶ **鉄鋼のうち構造コンクリートに使われる鉄筋や鉄骨などのCO_2排出量**

35億tCO_2×10%=3.5億tCO_2

*鉄鋼に占める鉄筋や鉄骨などの割合を10%で計算

▶ **全世界の年間CO_2排出量に占める、構造コンクリートに使われる鉄筋や鉄骨などのCO_2排出量の比率**

3.5億tCO_2÷325億tCO_2=1.1%

*年間のCO_2排出量は2017年時点

構造コンクリートの主要な材料が排出するCO_2の比率 5.2%+1.1%=6.3%

では、２０５０年のカーボンニュートラルの達成にはいくらのコストがかかるのか。試算したところ、とてつもないお金であると分かった。世界の年間３３０億ｔCO_2レベルの総排出量を２０５０年まで毎年一定の割合で減らした場合、その合計は約５０００億ｔCO_2になる。カーボンプライシングの平均値を1万２０００円／ｔCO_2と仮定すると６０００兆円になる(7)。

この試算の妥当性は新聞などでも明らかになっている。日本経済新聞は２０２１年7月、主要１０００社のCO_2排出量の削減コストを４７００兆円と予測した(8)。また、ＩＰＣＣ(Intergovernmental Panel on Climate Change：気候変動に関する政府間パネル）は同年12月に、「炭素〝半減〟に最大30兆ドル必要」と発表した(9)。このような計算は他にもある。米マイクロソフト創業者のビル・ゲイツは、温暖化ガスの年間排出量５１０億ｔに１００ドルを掛けた５．1兆ドルがクリーンな代替技術の導入に必要だとして、「グリーンプレミアム」と称した(10)。

果たして、これらの試算のコストは一体誰が負担するのであろう。そう、このコストは全人類で負担しなければならないのである。なお、２０２２年2月に欧州のカーボン価格が１００ユーロ／ｔCO_2をつけたことを付記しておく。現在予測されている将来のCO_2の価格は、最低ラインと考えた方がよさそうである。

先進国のさらなる効率化が鍵

続いて、１９６０年から２０２１年までのCO_2排出量と経済規模の推移を見てみる。CO_2

排出量は１９６０年から４・１倍に、１９９０年から１・６倍にそれぞれ増加[11]（図１－３）。ＧＤＰ（国内総生産）は１９６０年から７・９倍に、１９９０年から２・４倍にそれぞれ増えている[12]（図１－４）。そして、CO_2排出量をＧＤＰで割った数値は１９６０年から50％に減少し、１９９０年から70％に減っている（図１－５）。

CO_2排出量と経済規模の関係を「経済効率」という言葉で言い表すならば、１９９０年までは急速に効率が向上したが、１９９０年以降はその度合いが鈍ってきている。産業が第一次から第二次、そして第三次へと移行していくに従って、エネルギー消費の少ないサービス業主体の社会に移行していったのであろう。CO_2排出量は産業構造の変革による要素も大きく影響するというわけだ。

しかし、経済効率がこのままの傾斜で右肩下がりを続けても、全CO_2排出量がゼロになるわけではない（図１－６）。これからのCO_2排出量と経済規模の関係は、今までにない技術革新に期待しなければならないということが、これらのグラフから予想される。なお、図には新型コロナウイルスの

図1-3 ● 世界のCO_2排出量の推移（出所:文献[11]）

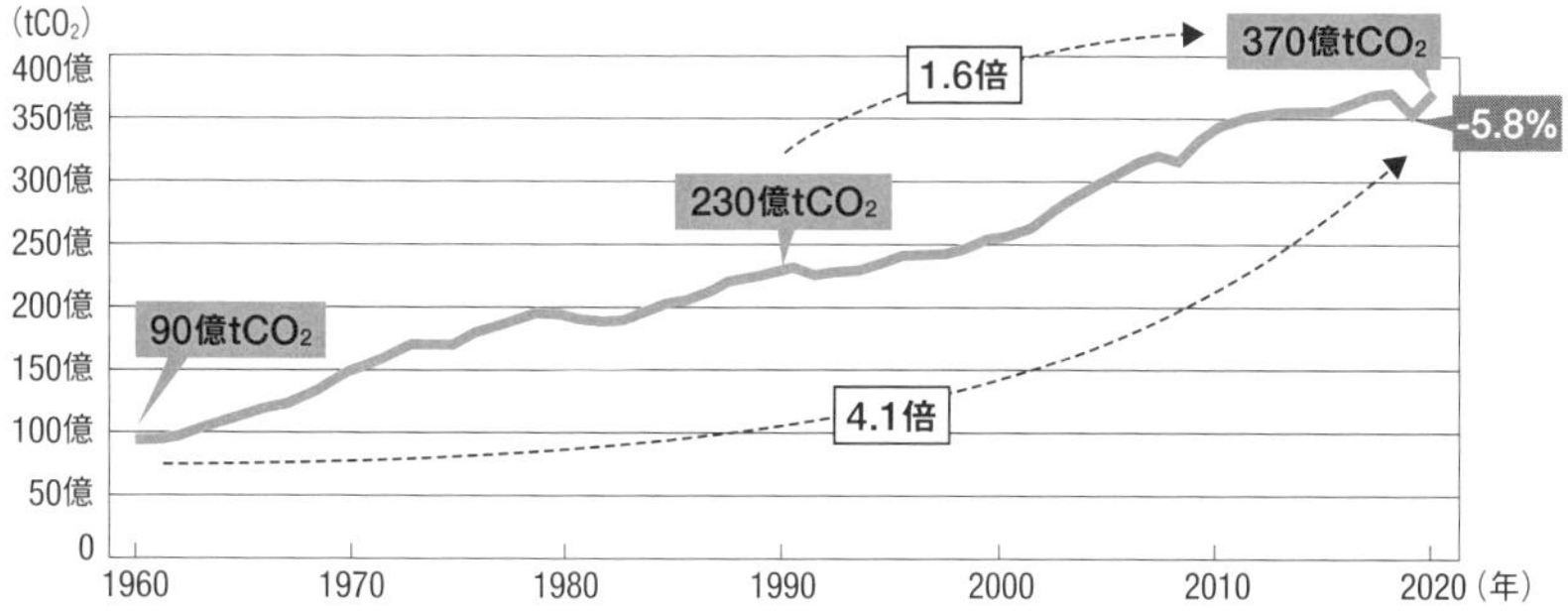

図1-4 ● 世界のGDPの推移（出所：文献⑿）

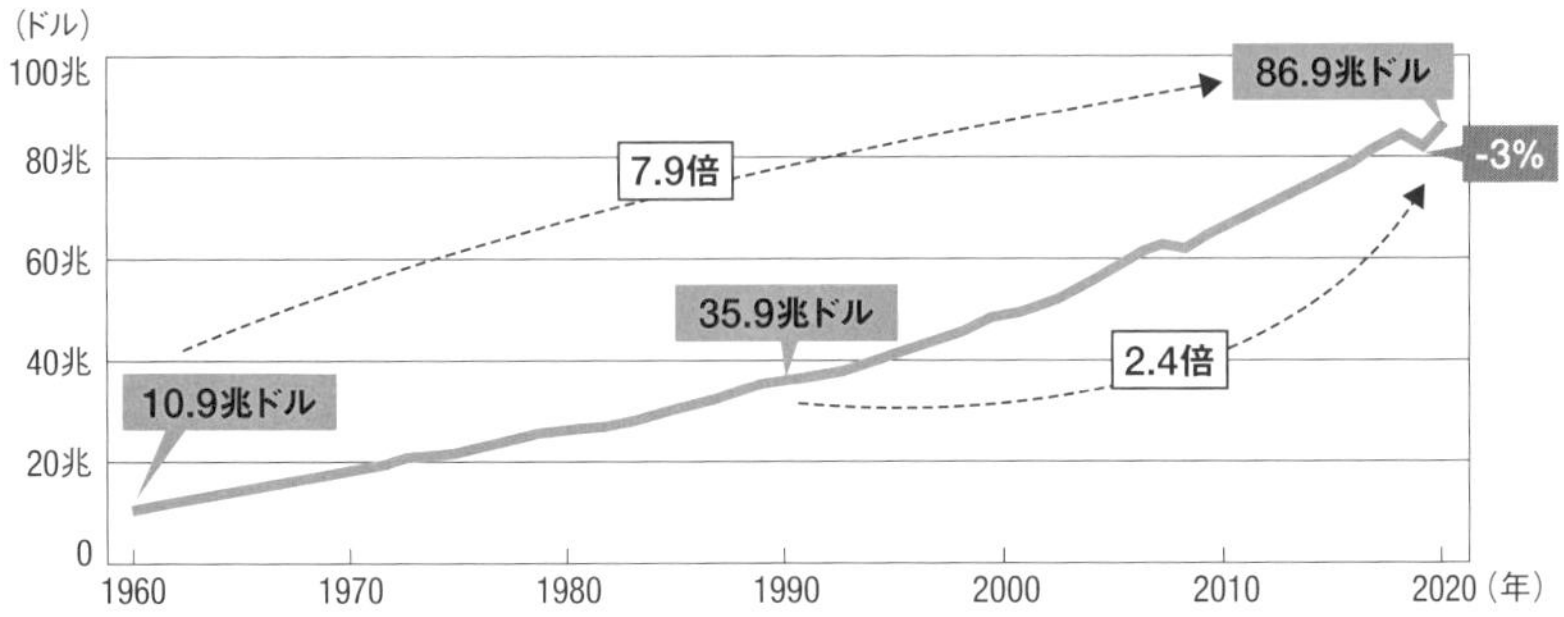

図1-5 ● 世界のCO_2排出量/GDPの推移（出所：文献⑾、⑿を基に筆者が作成）

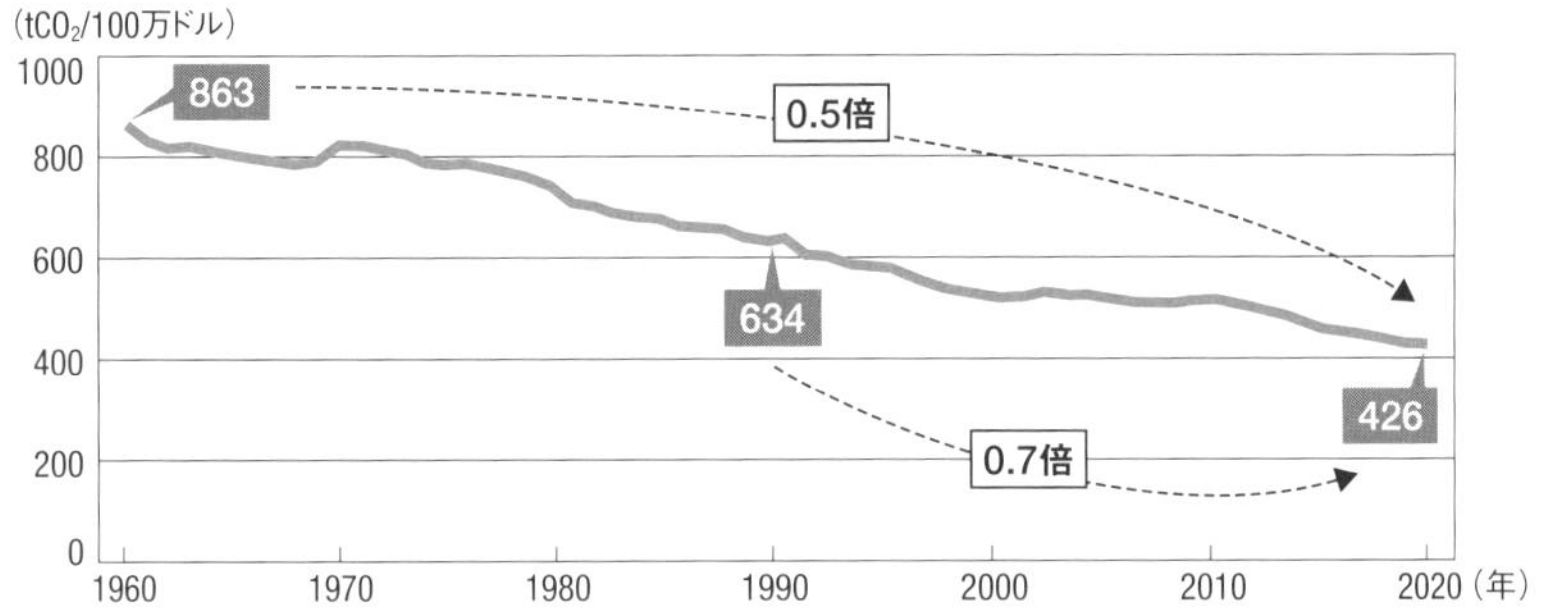

図1-6 ● 2050年の世界のCO_2排出量/GDP

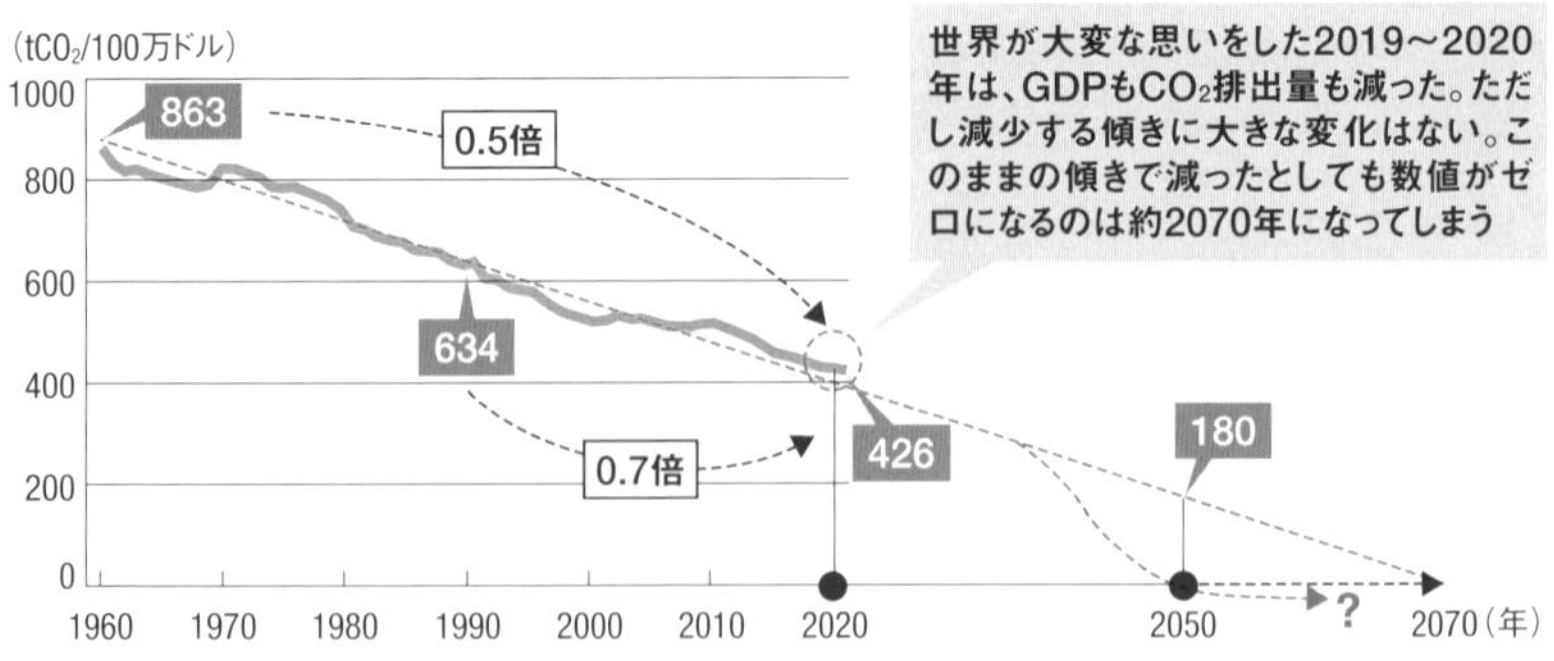

パンデミックで世界が大きな影響を受けた2020年の値も示している。世界中の活動がロックダウンでほとんど停止したような印象があるが、GDPの落ち込みはわずか3%、CO_2排出量の低減率は5・8%であった。現在の膨大な規模の経済活動を保ったまま、CO_2排出量をゼロにするというカーボンニュートラルは、6000兆円を費やす必要があると先述したように、とてつもない挑戦を人類に要求しているのである。経済効率のよい先進国の「グローバルノース」が排出するCO_2がかなりの量を占めていることを考えると、先進国のさらなる効率化が大きな鍵を握っているといえよう。

図1-7は、2021年の国別に見たCO_2排出量である。多い順に中国、米国、EU（欧州連合）、インドと続く。しかし、これをそれぞれの国のGDPで割ると、また別の景色が見えてくる（**図1-8**）。世界の平均値を点線で表している。中国、インド、ロシア、イラン、サウジアラビア、インドネシアは経済規模に比べてCO_2排出量が多い。つまり、まだエネルギー消費が大きな産業が主流、ということになる。仮にそれらの国が米国、EU、日本並の200tCO_2/億円レベルに達しても、その後のカーボンニュートラルまでは相当な努力が必要になることが、このグラフからも想像できる。

サービス業と工業が盛んな都道府県で差

ちなみに、日本の都道府県ごとでも同じような比較ができる（**図1-9**）。日本の平均は21

図1-7 ● 国別CO_2排出量（2021年）（出所：文献⑿）

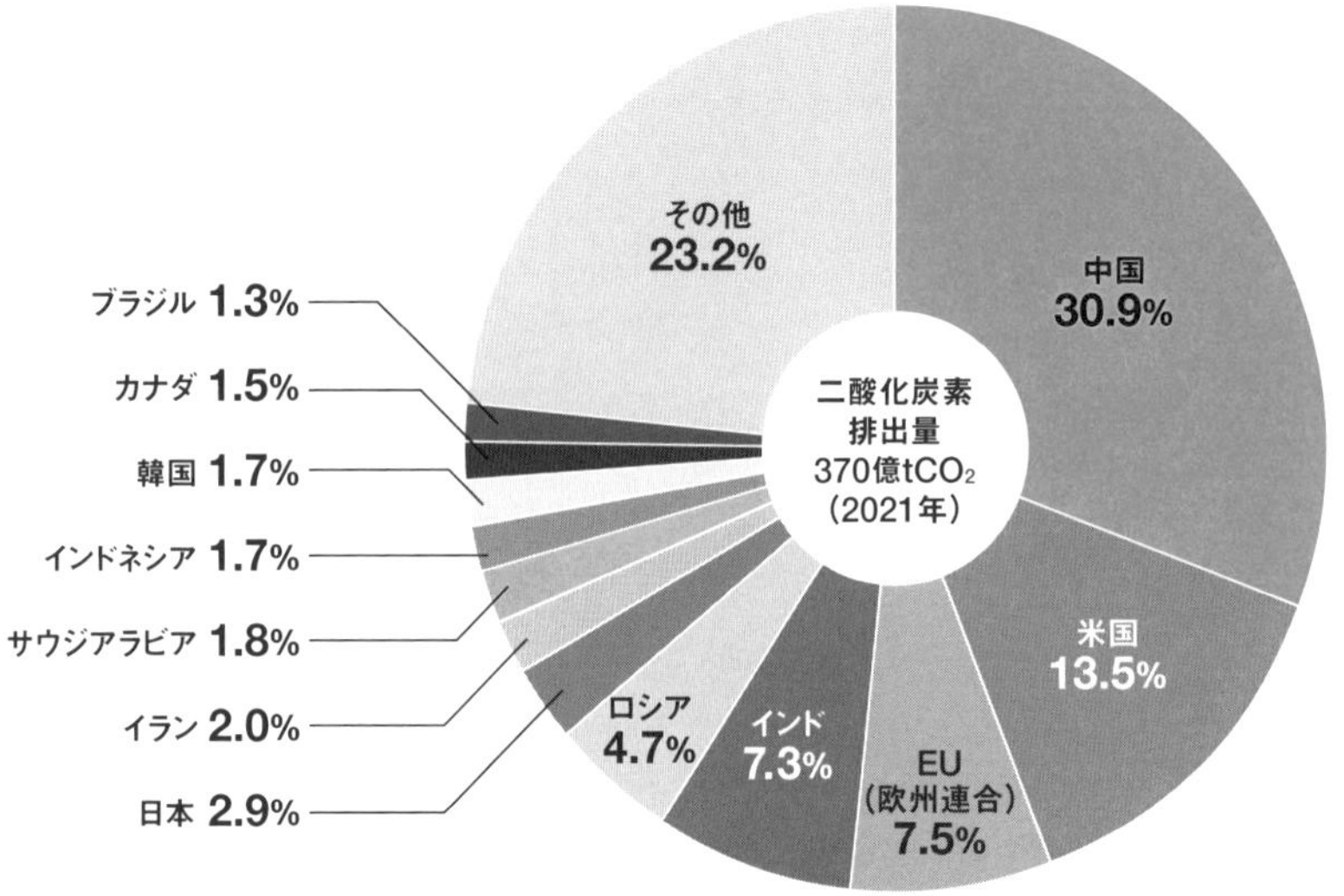

図1-8 ● 各国のCO_2排出量/GDP（出所：文献⑾、⑿を基に筆者が作成）

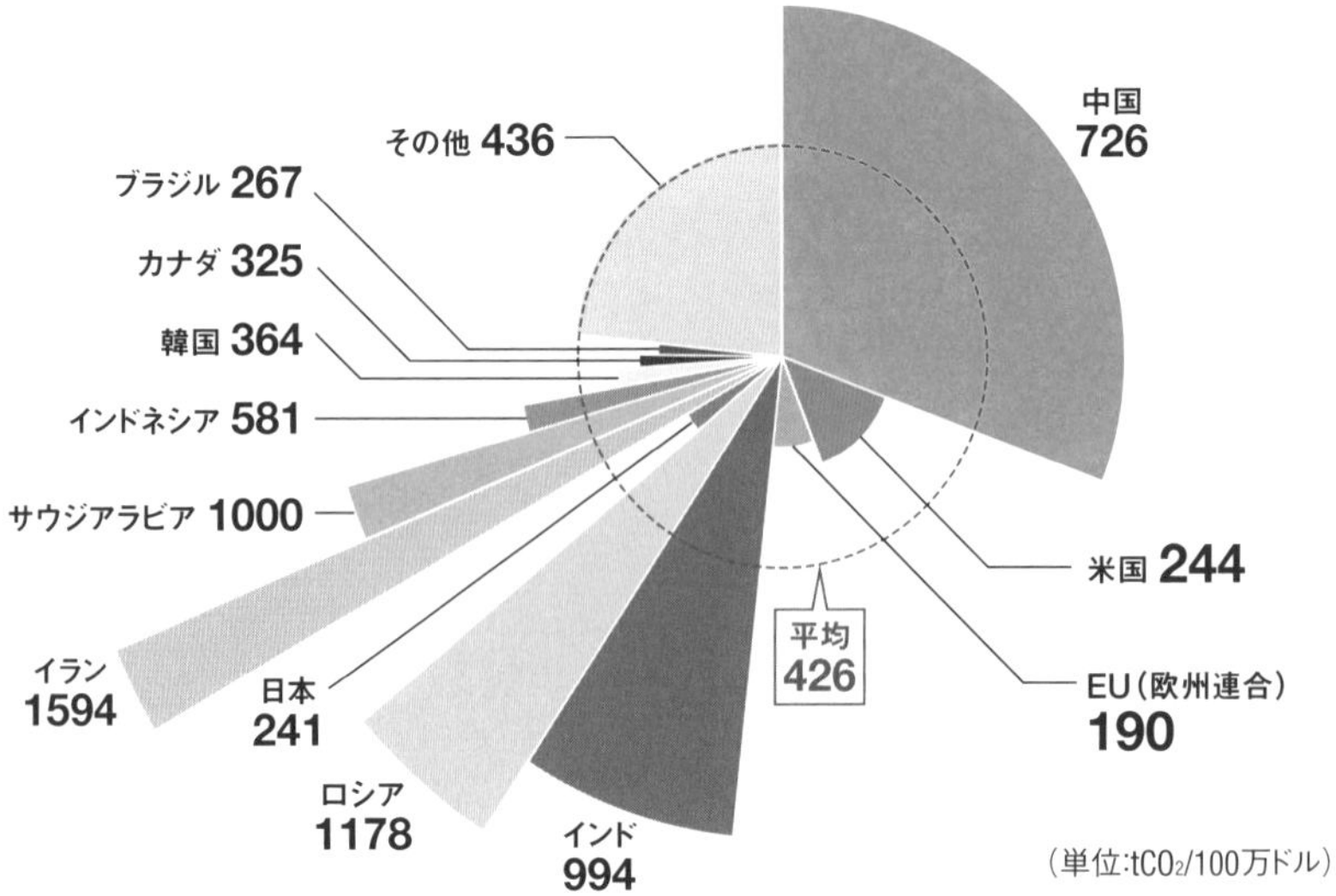

0tCO$_2$／億円（241tCO$_2$／百万ドルを1ドル＝115円で換算）。都道府県によってその特徴がよく現れている。サービス業が主流の東京都に代表されるグループと工業が盛んな大分県に代表されるグループ、そしてそれ以外のグループに大別される。自治体もそれぞれCO$_2$排出量削減に取り組まなければならないが、このCO$_2$排出量のほとんどがそれぞれの自治体に存在する企業の責任で削減するものである。なお、行政側の責任で削減するCO$_2$排出量については次の第2章で詳しく述べる。

CO$_2$排出量をコストで割った指標は、本書の論旨を構成する重要なファクターである。構造コンクリートの材料に関するCO$_2$排出量は、今後工場やメーカーごとのカーボンフットプリントのデータベースを構築するうえで必要になってくる。しかし、私たちがLCA（ライフサイクルアセスメント）を評価するうえで、整備しなければならないデータはまだ数多くある。そして、構造コンクリートの脱炭素、低炭素の戦略を考えるときに、データがないからできない、という対応では機を逸する。このような大づかみの指標は、現段階でカーボンニュートラルの戦略を練る材料として、実践で大いに役立つ。

図1-9 ● 都道府県別名目GPD当たりのCO_2排出量
（出所:2018年の県民経済計算と環境省の統計を基に筆者が作成）

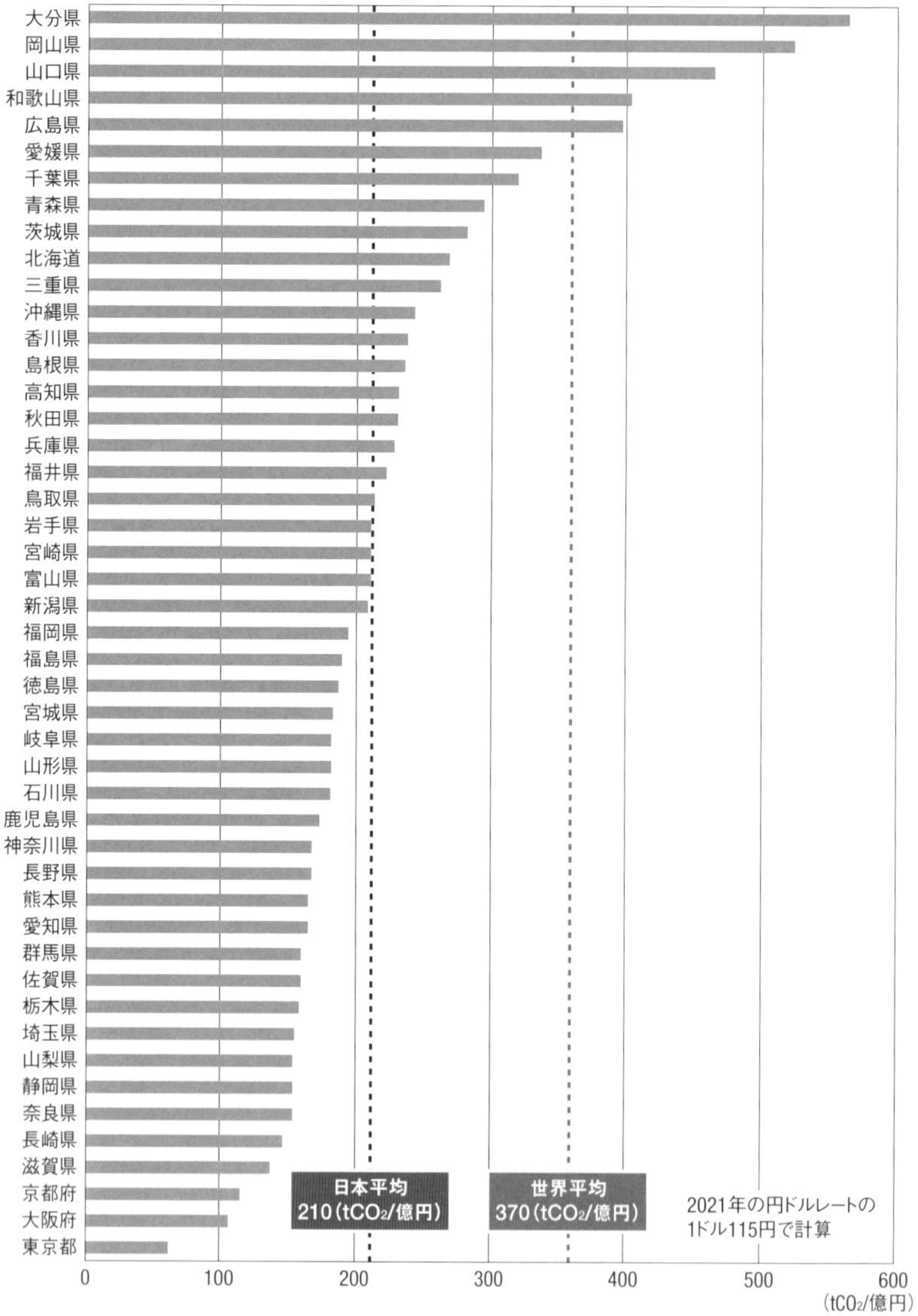

CO_2の値段

chapter 1-2

日本と欧州で取引価格に大きな開き

膨大なコストが必要なカーボンニュートラルの達成は、CO_2の価値に大きく影響を受けることが分かったと思うが、ではCO_2の価値はどのように決められるのであろうか。それは、需要と供給のバランスによって決まる。カーボンクレジットとして市場での取引によって決定されるというわけだ。つまり、CO_2を多く削減した企業からの供給と、削減量の足りない企業の需要のバランスで価格が決まる。そして、世界では既に全排出量の2割に値段が付き、5・8兆円規模の取引が欧州を中心に実施されている(13)。

日本でも2016年にJ－クレジットでの取引を開始。2023年に東証の管理下に置かれたときの価格は3246円／tCO_2だ。一方、欧州での取引価格は、各国がカーボンニュートラルの宣言を行った2020年から価格が高騰し、90ユーロ／tCO_2（2020年の為替相場「1ユーロ120円」換算で1万800円）に達していて、日本と大きな開きがある（図1－10）。

IEA（International Energy Agency：国際エネルギー機関）の予測によれば、2023年が87・5ドル／tCO_2。1ドルを130円で換算しても既に1万円を超えており、今後も右肩

図1-10 ● EUのCO_2排出権価格（出所:環境金融研究機構）

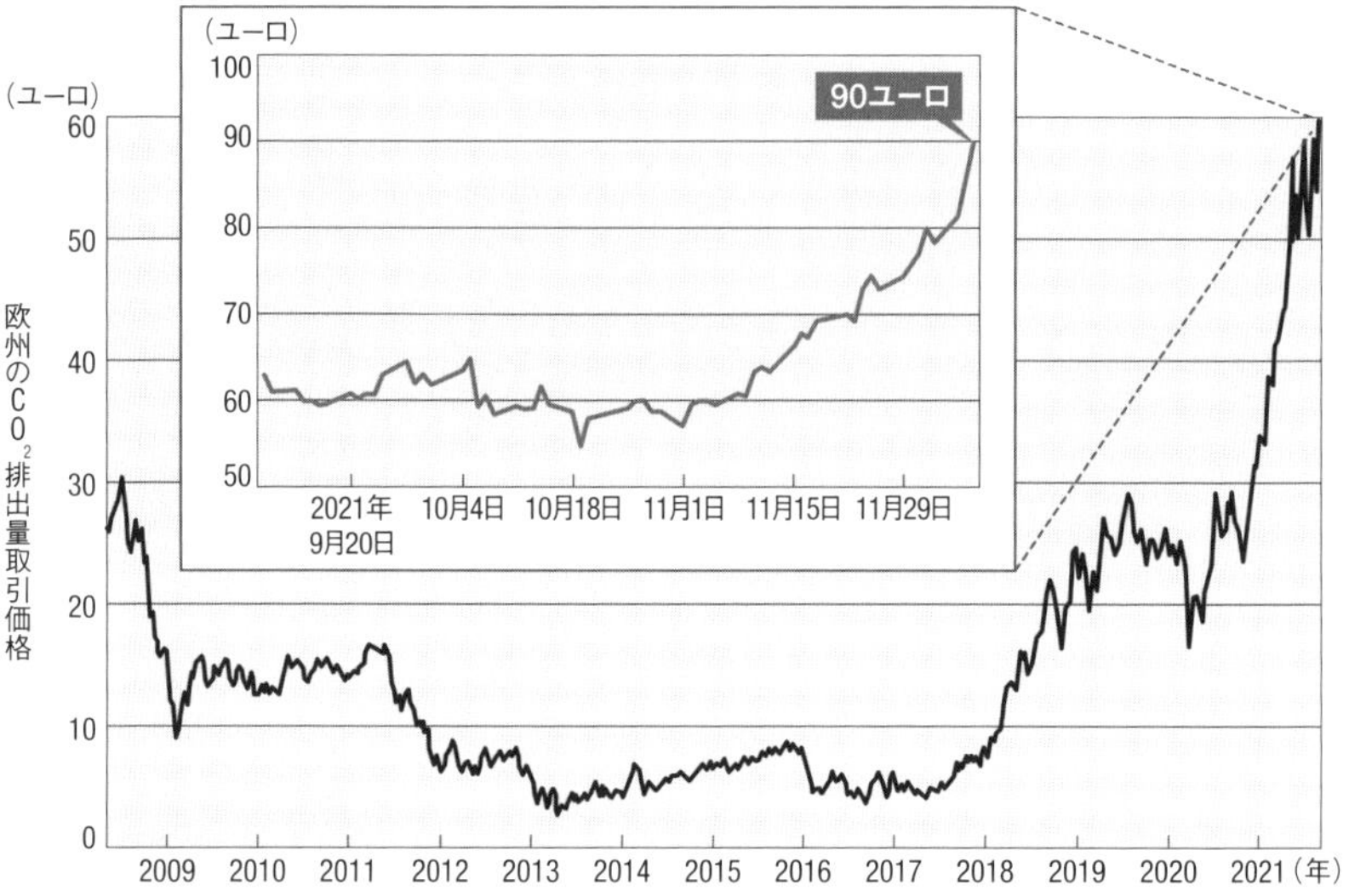

図1-11 ● CO_2の値段（出所:IEA、2023年）

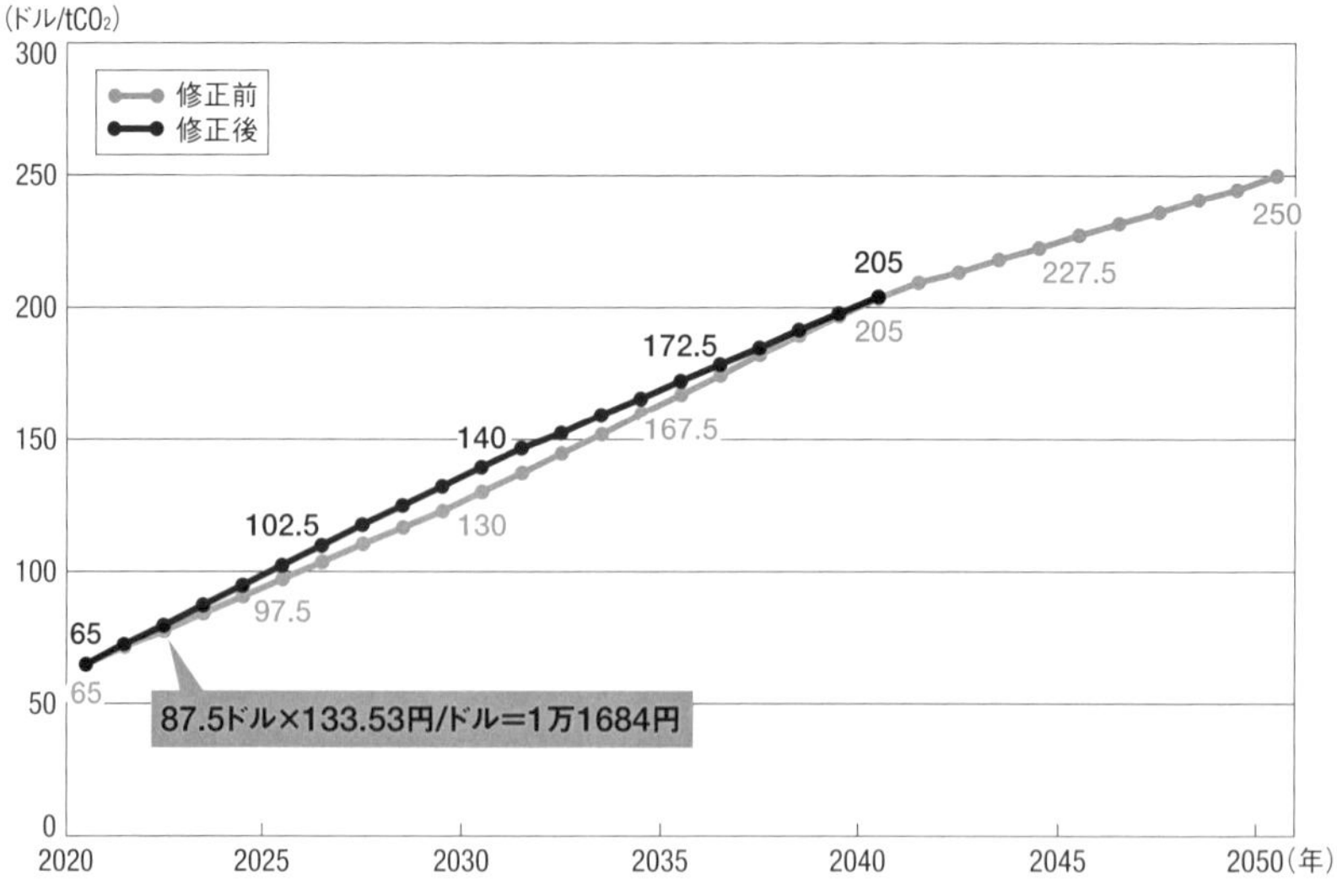

上がりで増えていく（図1－11）。

「炭素税1万円程度ならば企業に大きな影響ない」

では、このような差がどうして生じるのであろうか。理由の1つは、日本に比べて欧州はCO_2削減のプロセスが先行していて、大きな需要があることが考えられる。そして、2つ目の理由が、炭素税、あるいは国境環境税の導入である。図1－12は各国の炭素税の現状である。日本は炭素税としてではなく燃料に組み入れられているが、2024年時点でまだ300円弱である。1万円レベルの北欧とは大きな開きがある。日本でも炭素税の導入が検討されていたが、2022年度の税制改正大綱では記述が見送られた経緯がある。

一方で、環境省の試算では「1万円程度であれば企業に大きな影響はない」という検討結果がある[14]。また、日本政府は、2030年までの150兆円の脱炭素基金を提唱しており、その財源を炭素税で賄うとしている[15]。これを大まかに検証してみよう。日本の年間CO_2排出量が11億tCO_2なので、これが2030年までの7年間減らずに、かつ炭素税が2024年度に導入されると仮定すると、炭素税を1万9500円／CO_2かけ続けなければならないことになる。環境省が試算した炭素税の約2倍の費用が必要だ。ちなみに、1万円／tCO_2の炭素税を導入したとすると11兆円になり、これは消費税を約5％アップすることに相当する。

経済産業省が2023年7月に発表した「脱炭素成長型経済構造移行推進戦略」では、炭素税や排出量取引などのカーボンプライシングによるＧＸ（グリーントランスフォーメーション）投資先行インセンティブの一環として、化石燃料輸入業者などに炭素に対する賦課金の導入に言及している。カーボンニュートラルに資する技術革新を促すために、欧州並みのカーボンクレジット市場の育成を意図した制度の環境づくりを急がなければならない。

　炭素税の導入を待っていられない民間企業は、既に低炭素、脱炭素技術の開発に着手しているが、これらにかかる技術開発費をコストオンできる社会のコンセンサスが醸成されないと、そのモチベーションが上がらない。そして、社会のコンセンサスは炭素税の導入が大前提となる。

　２０１９年に成立した森林環境税関連法案により、２０２４年度から国民１人当たり１０００円の森林環境税が徴収されるが、この

図1-12　炭素税の各国比較（出所:みずほリサーチ&テクノロジーズ）

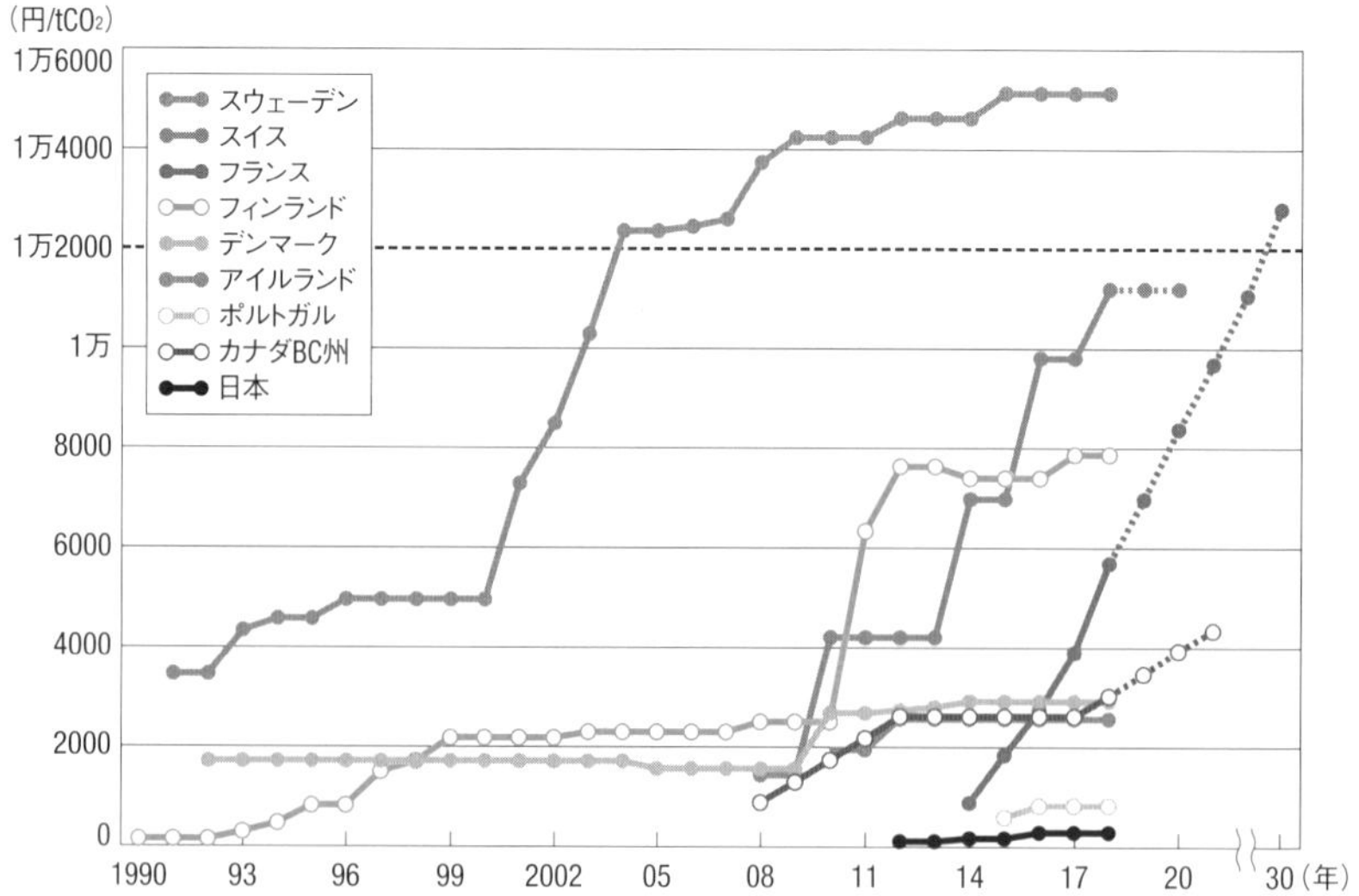

状況を打開するには程遠い。

日本政府は、2022年の参議院選挙で炭素税の導入よりも防衛費の増額を選択した。日本のCO_2の値段が海外と大きく差が付いた状態がこれからも続くと、幕末に日本の銀が安く海外から買われ、大量の銀が国外に流出したようなことが起こらないとも限らない。そして、日本は炭素税の導入が遅れれば遅れるほど技術開発のスピードが鈍り、世界から遅れを取ることになる、ということを肝に銘じなければならない。日本企業の脱炭素化が遅れることは、日本の経済安全保障上非常に不利益を被り、引いては国力の低下を招く。「安全保障」は様々な分野による多変数最適化問題を解くことに他ならないのだ。

人新世のつけ

日本経済新聞の読者投稿欄である「私見卓見」への投稿が、２０２１年６月24日の朝刊に「CO_2が示す「人新世」の請求書」[文献(1)]と題して掲載された。肩書きは国際コンクリート連合（*fib*）会長だ。人新世（Anthropocene）とは、ノーベル化学賞受賞者の化学者パウル・クルッツェンと生態学者ユージン・ストーマーが提唱した「人類の時代」という意味の新しい時代区分である。産業革命以後の約２００年間の人類の繁栄が、地球環境に大きく影響したため、というのが命名の理由である。ただし、人新世は、地質学の国際組織である「国際地質科学連合（ＩＵＧＳ、International Union of Geological Sciences）」に公式に認められた時代区分ではない。以下は最初の投稿原稿を基に、３年経過した現在の状況を鑑みて加筆・修正したものである。

世界中の経済活動がほとんど止まった２０２０年は、世界のCO_2（二酸化炭素）排出量がＩＥＡ（国際エネルギー機関）によれば前年より５・８％減ったそうである。あれだけ世界中が大変な思いをしても、わずか６％弱なのである。また、ＩＭＦ（国際通貨基金）によれば世界のＧＤＰ（国内総生産）は２０１９年から２・８兆ドル減少した。この事実は、２０５０年のカーボンニュートラルに至るまで、「人類はいったいどれだけの我慢を強いられるのであろうか」と考えさせられる。

２０２０年10月に、当時の菅義偉総理の所信表明演説で日本は２０５０年までにカーボンニュートラルな社会を目指すことを宣言した。そして、２０２１年４月に開かれた気候サミットで、主要国の２０３０年までのCO_2削減目標が出そろい、世間の評価はどれも「野心的」というものであった。各国首脳はイノベーションによってカーボンニュートラルを実現するという。しかし私たちは感覚的に、もはや今までのようなやりたい放題のライフスタイルは望めないことを知っている。そして、そのためには多額の投資が必要になる。世界の投資の３分の１に当たる３２００兆円がＥＳＧ（環境・社会・企業統治）関連に投資されていて、その比率は伸びている。これからは、目に見えない二酸化炭素に価値が付く時代になる。しかし、いったいどれくらいの投資が必要になるのであろうか。

２０１８年に人類は年間３３５億ｔCO_2の二酸化炭素を排出した。これを30年強かけてゼロにするのである。仮に毎年均等に削減するとして、その総量は５０００億ｔCO_2となる。この期間のカーボンクレジットの平均を１ｔ当たり１万２０００円とすると、６０００兆円の価値を二酸化炭素に付加していくことになり、ざっと３０００兆～４０００兆円レベルの投資が必要という試算になる。つまり、これから世界の投資を今以上に脱炭素に向けないといけないことになる。

これを別の側面から見てみると、先に述べたように２０１９年からCO_2排出量は５・８％、つまり19億ｔCO_2削減され、ＧＤＰは３１０兆円減少した。これはおおよそ１万６

500円／tCO2の価値に相当する。アプローチは違うが、CO2の価値という点で2つの試算はおおむね一致するといえる。この6000兆円の試算の1カ月後、日本経済新聞が一面で、「4700兆円が迫る経営転換」という記事を出した[2]。主要1000社の2050年までの負債ということである。また、IPCC（気候変動に関する政府間パネル）の報告では「炭素半減に最大30兆ドル」と2030年の目標を掲げて投資を促した[3]。これらの試算も同じレベルである。

年間11億tCO2という世界のCO2排出量の3・5%を占める日本は、同じ計算で行くと2050年までに110兆～140兆円の投資が必要という試算になる。なお、日本政府は10年間で20兆円の基金を新設するという[4]。一方で日本経済団体連合会は、政府に2050年までの400兆円の投資を提言している[5]。世界の投資はおのずとイノベーションが期待できる有望な脱炭素技術に集まり、後追いの国は国費を投入してその技術を買うしかない。そしてこの国費とは、これから国民が負担していくことになる炭素税や環境税だ。人新生の大きなつけを払いながら、はたして世界の経済はどれくらい成長することができるのだろうか。

これから目に見えないCO2に価値を生み出し、多大なコストと引き換えにその排出量をゼロにしていく人類は、この地球に住み続けることができる第一歩を踏み出す。ひょっとしたら、バーチャルな世界の暗号資産は、金本位制ならぬ炭素本位制になり、実態が見えない者同士でその地位を確固たるものにするかもしれない。とにかく、経済、金融、技術などすべての分野において、誰も経験をしたことのない世界が待っている。強欲な資本主義で、飽くなき成長を追求してきた人類。我々がこれからも住み続けるための地球からの人新世に対する請求書は、決して安くないということだけは確かだ。カーボンニュートラルをピンチと考えるか、チャンスと考えるかによって、起こすアクションが違ってくる。筆者は、これは間違いなくチャンスだと思っている。先に考えたもの勝ちなのである。

第2章

建設分野のサプライチェーンにおけるCO_2排出量

コンクリート構造物のサプライチェーン

chapter 2-1

スコープ3についても対応が求められる

ここでは、コンクリート構造物の建設から供用、解体までのライフサイクル全体におけるCO_2（二酸化炭素）排出を考えてみる。**図2－1**は欧州の基準である「EN15978」に定められた、プレーヤーごとの建設のサプライチェーン排出量の区分である。そして、英国で設立された国際的な環境非営利団体であるCDP（Carbon disclosure Project）や、パリ協定が求める水準と整合した、企業が設定する温暖化ガス排出削減目標であるSBT（Science Based Target）によるプレーヤーごとのScope（スコープ）の仕分けをその下に加えた。

例えば施工者の場合、スコープ1は自らの建設事業による温暖化ガスの直接排出を、スコープ2は事務所などに他社から供給された電気・熱による間接排出を、そしてスコープ3は建設事業のための調達、建設後の使用、廃棄、リユースによる間接排出と定義されている。スコープ1と2に区分けされるCO_2排出量は、各段階の主たるプレーヤーの責任で削減する必要がある。

製造者は材料の製造段階（A1～A3）の、施工者は建設行為（A4、A5）の、事業者は建設後の供用段階（B1～B5）のCO_2排出量の削減がそれぞれ求められる。しかし、いずれのプレーヤーもこのサプライチェーンに組み込まれている以上、スコープ3についても何らかの対応が必要だ。特に設計者は、LCA（ライフサイクルアセスメント）全体にわたって設計時に関与するため、LCAにおける低炭素化、脱炭素化のプロポーザルを事業者から求められる。

製造段階のA1からA3までは、鉄鋼、セメント会社がゼロカーボンを目指し業界を挙げて、そして政府の支援を受けながら既にアクションを起こしている。しかし、ユーザーである施工者は、これらのカーボンニュートラルの達成を待ってはいられない。既に事業者の低炭素の要求が始まっているからである。従って、施工者は構造コンクリートの低炭素技術を結集して、これらの要求に応えなければならない。

図2-1 ● 建設のサプライチェーン（出所:EN15978を基に筆者が作成）

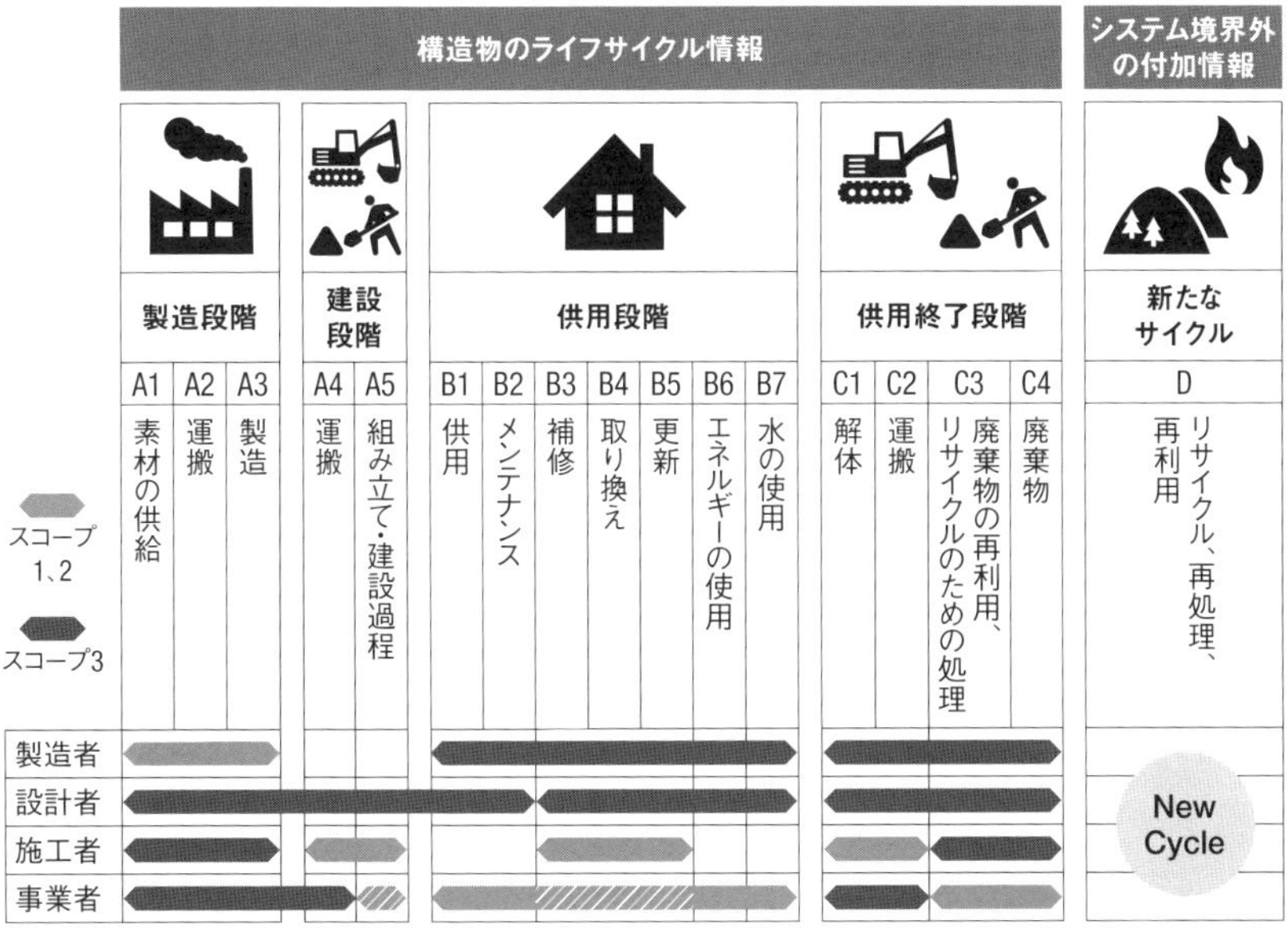

供給段階のCO_2排出量の情報が少ない

一方、供用段階のB1からB5までは非常にデータが少ない領域である。建築物については、空調などの設備が排出するカテゴリー11のCO_2は、竣工時に60年分を一括して計上する文献(1)。半面、インフラはライフサイクルが長く、その間の補修・補強やメンテナンスによるCO_2排出量の情報が欠けている。そして、これらは設計時に決める耐久性のレベルによって大きく変わってくる。過去の補修・補強の情報を集め、その時のCO_2排出量を推定し、コストで割った指標のデータベースをつくることが、現段階では有用であると考える。

日本は今、約60年前に建設した高速道路の鉄筋コンクリート床版をプレストレストコンクリート床版などに取り換えている。そして再建設コストは初期の建設コストを大きく上回る。この取り換えという大きなイベントも含めて、それまでのメンテナンス情報を収集することが急務である。

図2－2は現行の技術によるコンクリート構造物の耐久性とCO_2排出量の関係を表したイメージだ。供用段階においても補修、補強の工事を実施することでCO_2を排出する。そして、材料の製造段階や供用段階に資する低炭素、脱炭素技術を使って、ライフサイクルにおけるCO_2排出量を最小化していくことをこれから目指していかなければならない（図2－3）。

なお、図2－1では事業者のA5、B3～B5を施工者と同じようにスコープ2（ハッチング部分）としている。これは工事による車両の渋滞など、間接的に排出されるCO_2を考慮したものだ。詳細は第4章で述べる。

図2-2 ● 耐久性とCO_2排出量の関係（従来技術による構造の場合）

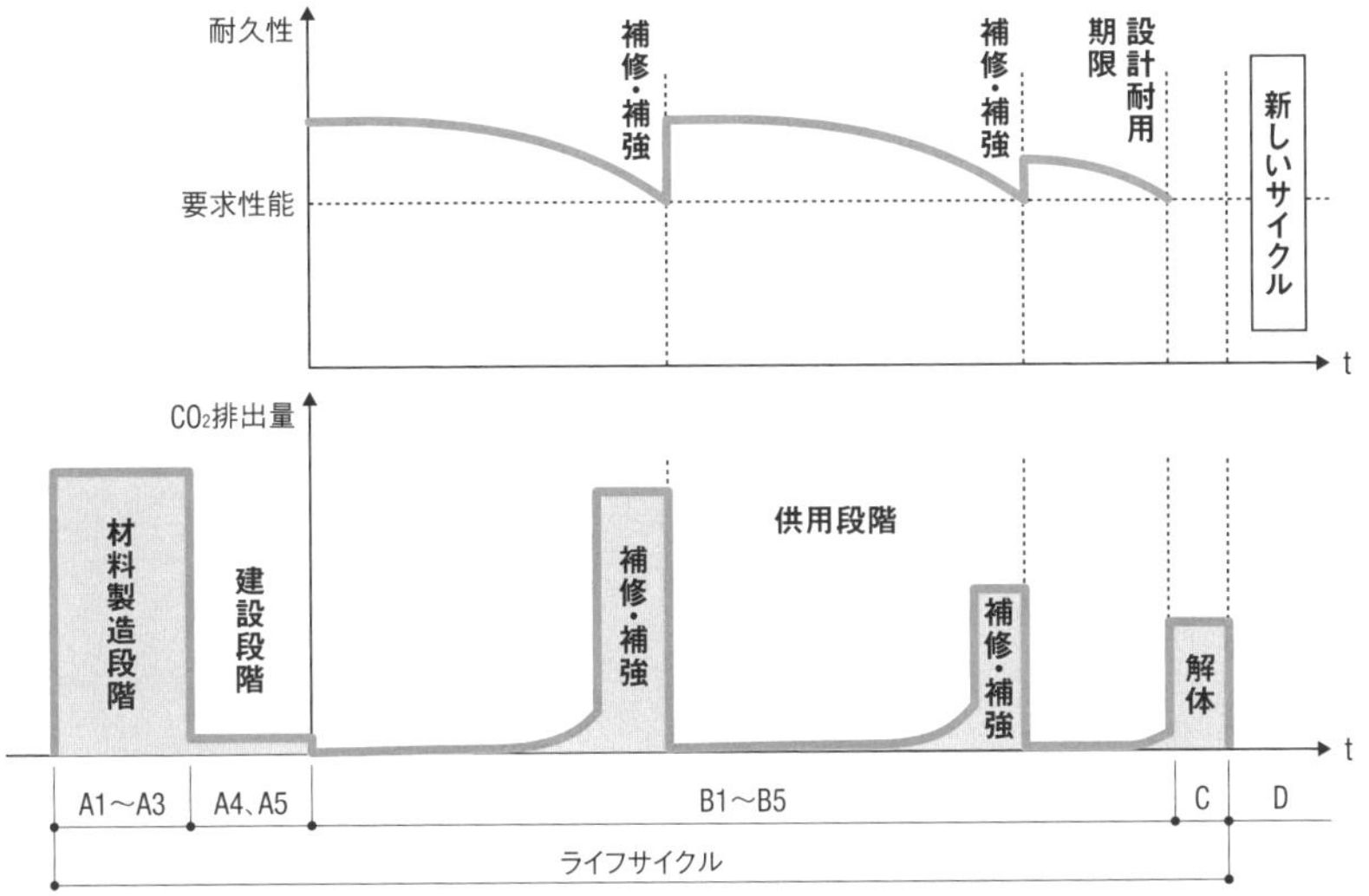

図2-3 ● 低炭素技術を用いた場合の耐久性とCO_2排出量の関係

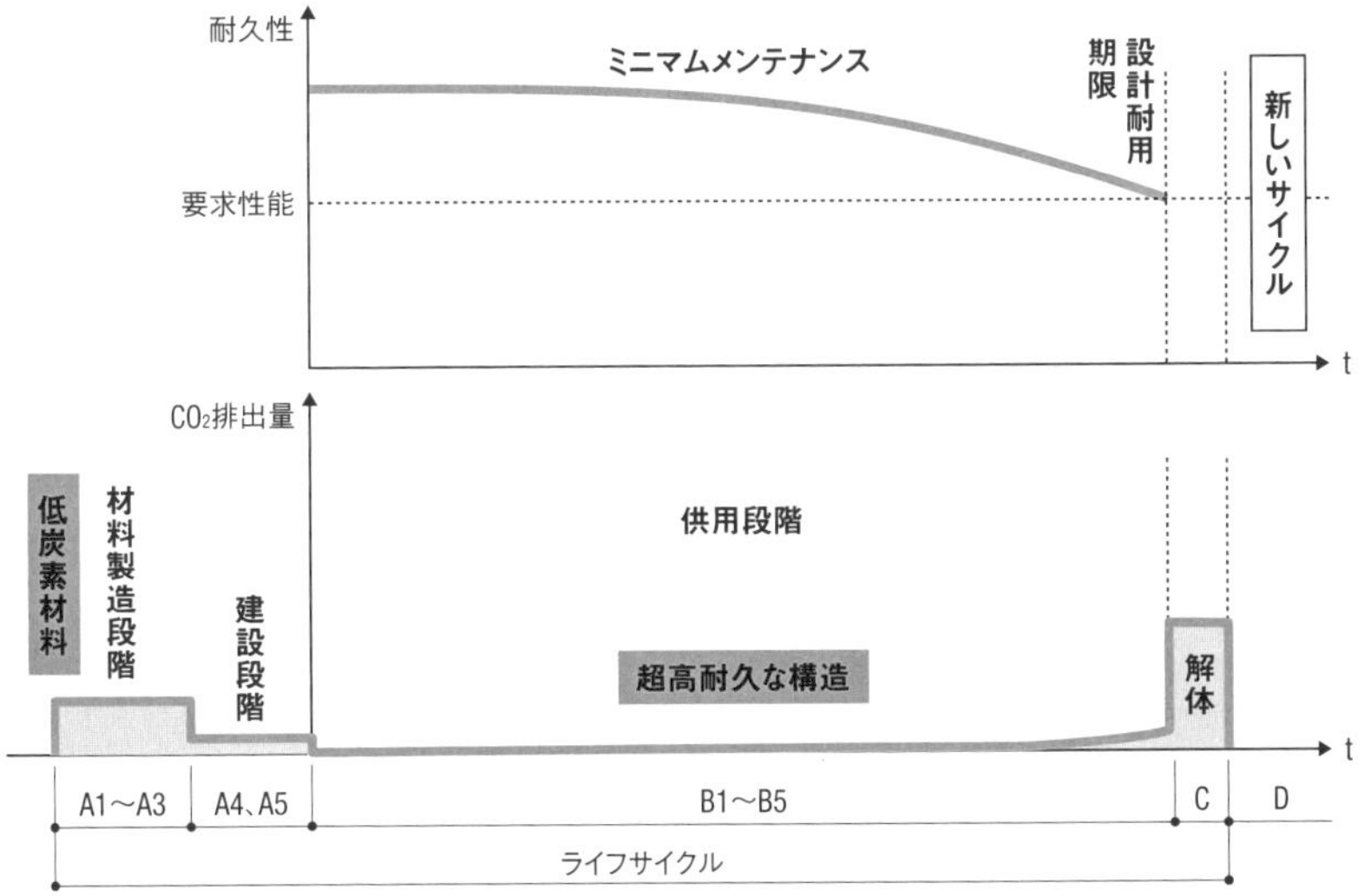

chapter 2-2

工事費とCO2排出量の関係

400tCO2/億円がベースに

興味深いデータベースから紹介する。英国の橋梁と建物の建設におけるCO2排出量（A1～A5）と工事費の関係を示した図だ[2][3]（図2－4、2－5）。橋梁のデータは、荷重が違う道路橋、鉄道橋、歩道橋で差が少しあるものの、同じような相関関係を示し、その傾きはおおよそ400tCO2/百万ユーロである。

また、建物のデータは、改修を含めて建物の用途で荷重が違ってくるので、橋梁よりはばらついているが、これもある相関を示していて、その傾きは400tCO2/百万ポンドである。物価や為替の影響はあるものの、この章の最後で述べる日本の400tCO2/億円とレベル的に同じだと言える。これは、コンクリートや鉄筋を用いて構造物を構築する以上、工事規模にかかわらず同じ建設行為により排出されるCO2は変わらないので、先進国の間では大きく違わないことは納得がいく。一方途上国では物価が安いことを考えると、この指標は2～3倍になると予想される。

これらの事実は、どの国でもCO2排出量は経済活動と密接に関係しているということを示し

図2-4 ● 橋梁の建設（A1～A5）におけるCO_2排出量（出所：文献(2)を基に筆者が加工）

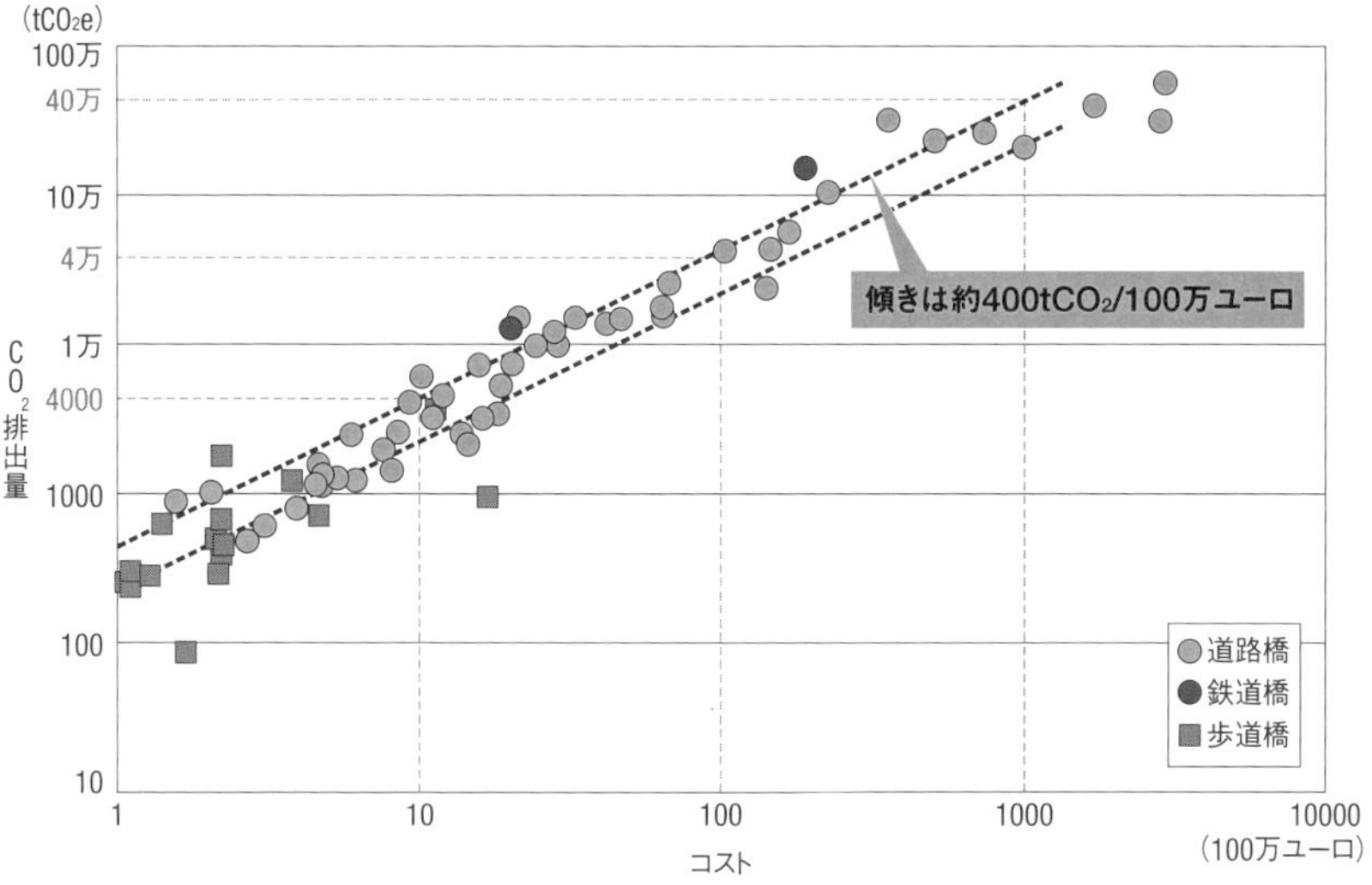

図2-5 ● 建物の建設（A1～A5）におけるCO_2排出量（出所：文献(3)を基に筆者が加工）

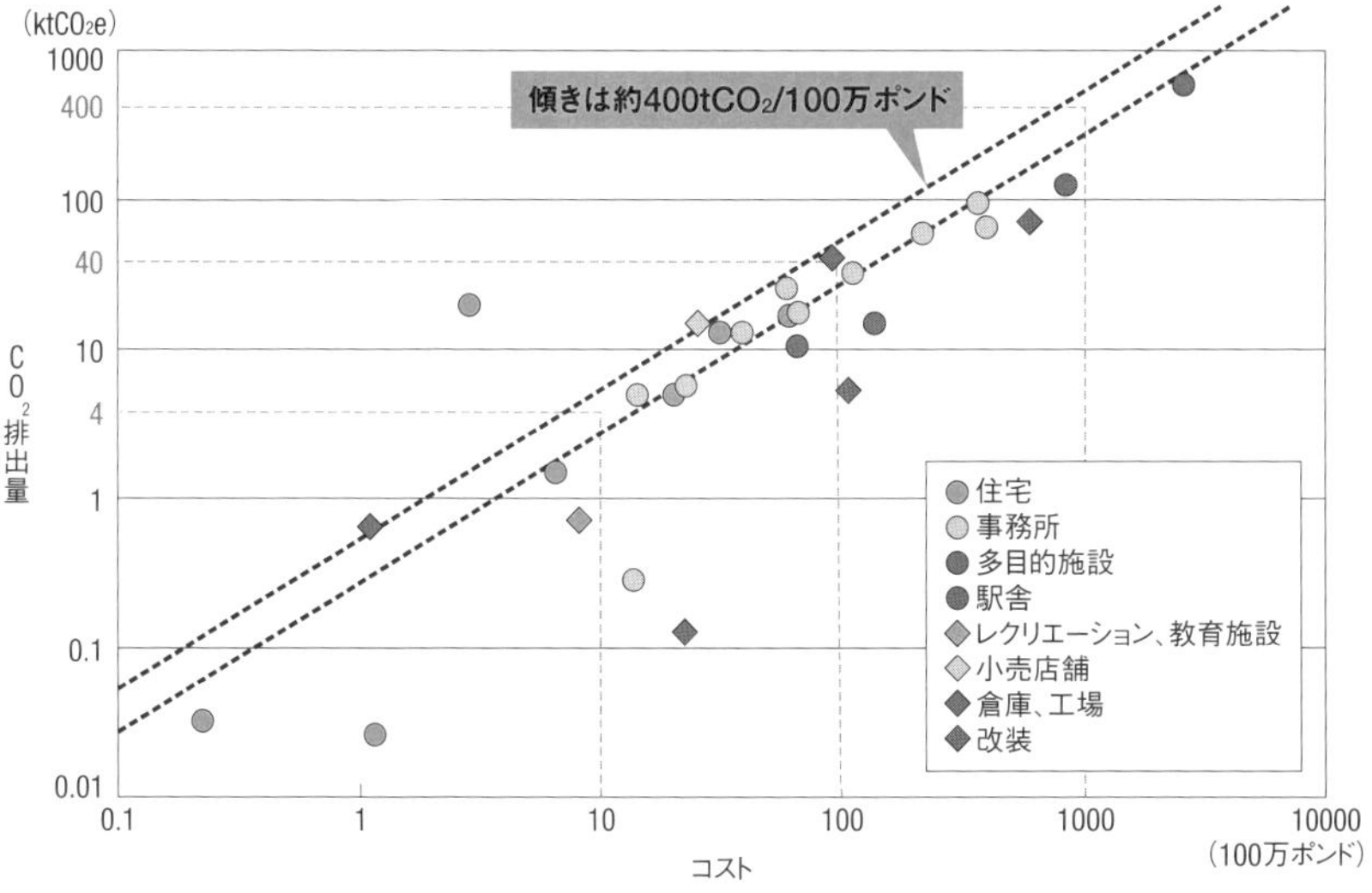

ている。400tCO_2／百万ユーロあるいは400tCO_2／億円という指標は、構造コンクリートのLCAにおけるCO_2排出量データベースが不十分である現在、これからの削減に対する戦略を考える上で便利な目安と言える。そして我々は、低炭素化、脱炭素化によりこの指標を下方にシフトさせることを目指さなければならない。

ちなみに、データの蓄積は少ないが、トンネル工事では約300tCO_2／億円という指標がある。インフラは橋、トンネル、道路、河川、港湾と造る対象物が違うので、それぞれの工種で上記のような原単位のデータベースを構築することが望まれる。

構造コンクリートの建設全体のCO_2排出量は14％

次に、コンクリート構造物の建設サプライチェーン全体で、どれくらいのCO_2を排出しているのかを推定する（図2-6）。まず、全産業に占める建設産業の排出量の割合について、日本を例に試算してみる。日本の建設市場は年間約60兆円である。これに400tCO_2／億円を乗じると、年間2・4億tCO_2になる。そしてこれは、日本の年間総排出量11億tCO_2の約20％だ。

続いて、世界全体で建設産業が一体どのくらいのCO_2を排出しているのかを、別のアプローチにより試算してみる。第1章で既に述べたように、コンクリート構造物の主材料（コンクリートと補強鋼材）が年間に排出するCO_2は世界の約6％を占める。

図2-6 ● コンクリート構造物の建設サプライチェーン全体で排出するCO_2量の試算

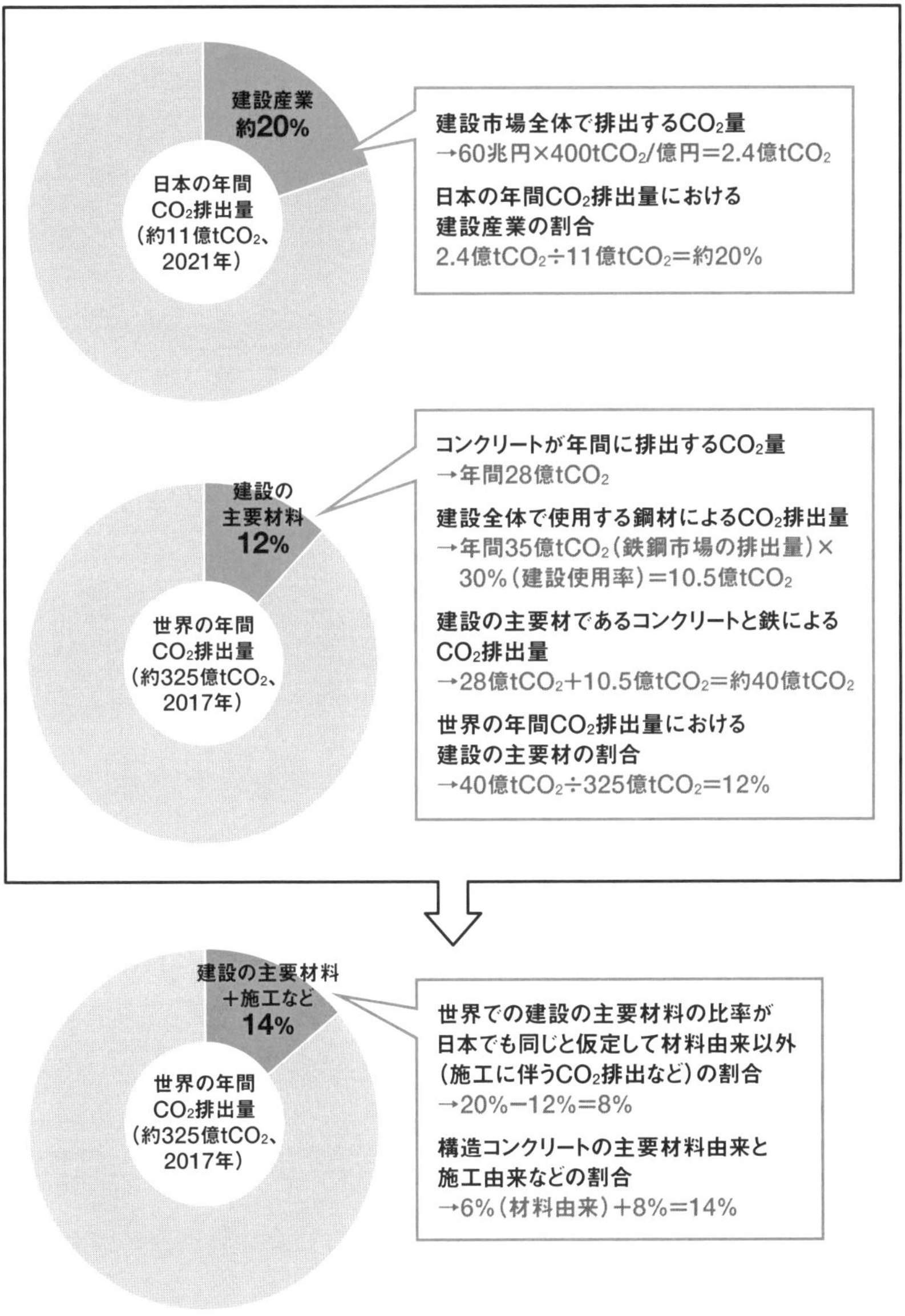

一方、建設全体で使用する鋼材によるCO_2排出量は、鉄鋼全体の年間35億tCO_2の30％を占めるので、10.5億tCO_2となる。コンクリートの28億tCO_2/年と合わせて約40億tCO_2、つまり世界全体が排出する325億tCO_2（2017年時点）の12％が建設全体の主材料による排出量ということができる。そして、この比率が日本でも同じだと仮定すると、20％から12％を差し引いた8％が主材料以外（施工や輸送など）ということになる。構造コンクリートでも主材料以外が同じ割合だとすると、主材料分の6％に足して14％となる。

以上から、世界の325億tCO_2/年の14％、つまり45億tCO_2が構造コンクリートの建設全体で年間に排出されるCO_2の量であると計算できる。ちなみに国土交通省は、建設機械からの直接的排出と主要材料の生産、建設輸送というサプライチェーンを通した間接的排出の約13％はインフラなどの整備が直接的に関わるものとして、脱炭素化の取り組みを進めるとしている(4)。

これらの試算を見ても分かるように、建設のサプライチェーンで排出されるCO_2のほとんどは材料や施工、輸送などのエネルギー由来のものだ。供用段階（B1～B5）のCO_2も、補修、補強などの保全工事によって排出される以外に、それに用いる材料の製造段階で排出されるものが多くを占める。従って供用段階はできるだけ、補修、補強しないという視点が重要となる。つまり計画段階で耐久性のある構造物を目指すことが鍵となる。これらのことは、第3章や第4章で詳しく述べる。ここでの計算は多くの仮定を含んでいるが、現時点で構造コンクリートのカーボンニュートラルに対応する戦略を考える上では、オーダーとして実用的であると思われる。

chapter 2-3

産業別に見たスコープの割合

圧倒的にスコープ3が多い建設業

図2－7はCO_2排出量を企業の年間売上で割った産業別の指標である。CDPで公開されている日本の63社のデータを基に計算した。総じてメーカーはスコープ3が多くを占め、輸送業、それも船舶と航空はスコープ1、2が大半を占めるので、燃料の低炭素化、脱炭素化は喫緊の課題であることが分かる。そして、サービス業は当然ながら、CO_2排出量が全体的に少ない。日本の現在のCDPのデータは、まだ開示している企業が限られているが、ISSB（International Sustainability Standards Board：国際サステナビリティ基準審議会）は2024年からスコープ3や社内炭素価格の開示を求めると公表したため(5)、これからは多くの企業の情報がそろうことになる。

第1章で述べたように、日本のGDP1億円当たりのCO_2排出量は210tCO_2だったのに対して、ここで用いた65社のデータの平均は同970tCO_2である。これはまだメーカーのデータが多いためで、サービス業など多くの企業のデータがそろうと、この値は日本の平均に近づいてくるものと思われる。なお、このデータは、企業が新領域の事業を始めようとするときに、その事業がどのくらいのCO_2を排出するものなのかを推測するときにも使える。このことは、第８章で詳しく述べる。

さて、建設業である。建設業は１０８０ｔCO_2／億円と圧倒的にスコープ３が占めている。Ａ４とＡ５の建設段階は施工者のスコープ１、２である。ここのCO_2排出量は世界の地域によって異なると思われるが、日本の場合２％程度と少ない。建設のサプライチェーンにおけるCO_2排出量のほとんどは、Ａ１からＡ３までの材料の製造段階、Ｂ１からＢ５までの供用段階で排出されるという特徴を持つ。前者は材料の製造者の、後者は事業者のスコープ１、２である。

筆者の所属する建設会社は建築と土木の工事の割合がほとんど同じで、鉄骨造の建物以外はコンクリート構造物がほとんどを占める。そのデータによれば、Ａ１からＡ３までで４００ｔCO_2／億円と約40％、Ｂ１からＢ５で６００ｔCO_2／億円と約60％のCO_2を排出する。後者の６００ｔCO_2／億円は、主に竣工時に60年分を一括計上する建築の設備データで、インフラ

図2-7 ● 業種別CO_2排出量の平均値
（出所：CDPデータを基に筆者が作成）

業種	スコープ1、2	スコープ3
建設業	25	1080
不動産業	90	270
インターネットサービス業	12	110
金融業	5	13
ファンド	300	260
素材（化学）	470	830
輸送業（鉄道）	290	200
輸送業（車両）	50	90
輸送業（船舶）	1220	160
輸送業（航空）	1720	460
小売業	30	1070
総合商社	80	350
製造業（電気機器）	70	3370
製造業（産業機器）	50	920
製造業（鉄鋼）	1230	290

は含んでいない。インフラの供用段階の保全は基本的に工事なので、施工者の場合Ａ１からＡ３までに含まれる。

ここでインフラ、それも一般車両が走る道路の供用段階について少し整理してみる。通常は走行車両が排出するCO_2は車両の所有者の責任において購入時に選択すべきものであるが、現状はメーカーがスコープ３として取り組んでいる。一方で、保全工事による渋滞時のCO_2排出は事業者のカウントになると考えられるが、これらの課題は車両がゼロカーボンになれば解決する。

しかし、インフラの事業者のうち国や自治体の責任で削減するCO_2は、不作為のままだと最終的には日本の排出量としてカウントされるので、世界レベルで日本が何らかのペナルティーを被った時は、最終的に私たち日本国民に跳ね返ってくることになる。財政的に困難であることなどは免除の理由にならないと思われるので、ここに民間資金を投入する官民連携（ＰＰＰ）事業の可能性が見えてくるのではないだろうか。このことは第4章で論じる。

設計、施工でＢＩＭやＣＩＭが日常的に用いられることは、４Ｄ（時間）、５Ｄ（コスト）、６Ｄ（CO_2）までの情報を自動的に得て集計するＤＸ（デジタルトランスフォーメーション）につながる。そうなればＣＤＰのデータ収集も人の手を介することなく行うことができ、各企業の様々な工種のカーボンフットプリントが精度よく集まる。しかし、そこに行くまでにはまだ時間が必要である。「計算できないから脱炭素、低炭素の戦略に取り掛かれない」という言い訳は、社会が許してくれない。以上に述べた大づかみの指標、数値は、戦略を練るために現段階では有用である。

自動車産業のサプライチェーンにおけるCO_2排出量

自動車産業のサプライチェーンにおけるCO_2（二酸化炭素）排出量には、エンジン車とEV車（電気自動車）でどの程度の差があるのだろうか。興味があるテーマである。ここではトヨタ自動車とテスラを比較してみようと思う。**図1**に示すのが、公表されているトヨタ**文献**(1)とテスラ(2)のデータの比較だ。まず両者ともスコープ（Scope）3のCO_2排出量が大半を占める。また、1台当たりのスコープ1＋スコープ2のCO_2排出量には差がない。トヨタの生産台数は圧倒的であるが、生産台数の差の割には売上高の差が小さいことに気づく。これは、テスラの1台当たりの単価が高く販売されているためと思われる。そのため、1億円当たりのスコープ3のCO_2排出量に差が出る。しかし、トヨタとテスラの1台当たりのスコープ3のCO_2排出量は、その差が縮まる。従って、自動車産業の場合は、後者の方が指標として適切だと思われる。

スコープ3において、テスラはカテゴリー1の蓄電池の生産によるCO_2排出量が、トヨタはカテゴリー11の販売したエンジン車によるCO_2排出量が卓越する。カテゴリー1＋11はトヨタが「549,940,000tCO_2」、テスラが「25,743,000tCO_2」で、比は21・4である。これが実質のスコープ3でのエンジン車とEV車の差であると思われる。ただしスコープ3の

図1 ●トヨタとテスラのサプライチェーンにおけるCO_2排出量

		トヨタ自動車	テスラ	トヨタ自動車/テスラ
スコープ1		2,370,000	202,000	11.73
スコープ2		2,870,000	408,000	7.03
スコープ3	1.購入した製品・サービス	110,490,000	22,334,000	4.95
	2.資本財	5,050,000	―	―
	3.スコープ1、2に含まれない燃料およびエネルギー関連活動	1,200,000	227,000	5.29
	4.輸送、配送（上流）	4,330,000	557,000	7.77
	5.事業から出る廃棄物	100,000	478,000	0.21
	6.出張	60,000	37,000	1.62
	7.雇用者の通勤	610,000	608,000	1.00
	8.リース資産（上流）	―	77,000	―
	9.輸送・配送（下流）	60,000	2,373,000	0.03
	10.販売した製品の加工	120,000	―	―
	11.販売した製品の使用	439,450,000	3,409,000	128.91
	12.販売した製品の廃棄	4,820,000	―	―
	13.リース資産（下流）	―	―	―
	14.フランチャイズ	4,070,000	―	―
	15.投資	130,000	―	―
	1+11	549,940,000	25,743,000	21.36
	合計	570,490,000	30,100,000	19.00
スコープ1+スコープ2		5,240,000	610,000	8.59
スコープ1+スコープ2+スコープ3		575,730,000	30,710,000	18.75
生産台数		960万台	113万台	8.50
売上高		37兆円	9.7兆円（815億ドル）	3.81
（スコープ1+スコープ2）/売上高		**14tCO_2/億円**	**6tCO_2/億円**	2.33
スコープ3/売上高		**1542tCO_2/億円**	**310tCO_2/億円**	4.97
（スコープ1+スコープ2）/生産台数		**0.546tCO_2/台**	**0.54tCO_2/台**	1.01
スコープ3/生産台数		**59.4tCO_2/台**	**26.6tCO_2/台**	2.23

全排出量の売上高当たりの比では5・0、生産台数当たりで2・2と、差はぐっと縮まる。車の使用によるCO_2排出量の炭素税負担が所有者の責任、つまり購入時の価格に上乗せされるとすると、1台当たりのスコープ3のCO_2排出量の差は32・8tCO_2となる（59・4tCO_2−26・6tCO_2）。そして、炭素税が2万円の場合差額は65万円になる。これは購入時の判断材料としては大きい。

日本の自動車産業は、水素小型モビリティ・エンジン研究組合（HySE：Hydrogen Small mobility & Engine technology）と言われる5社連合により、水素エンジンの開発が始まっている。これはカテゴリー11の削減効果が大きく、仮にEV車の水準まで削減できたとしたら、スコープ3のCO_2排出量は70％減ることになる。つまり、生産台数が同じと仮定すれば、生産台数当たりのスコープ3排出量は約20tCO_2／台と、EV車よりも少なくなる。そして、グリーン水素の供給が可能になればもっと低炭素になる。EV車のバッテリーも、その製作時のCO_2排出量削減に寄与する技術革新が求められている。日本の技術革新に大いに期待したい。

第3章

材料製造と建設の段階で使える低炭素技術

建設段階におけるCO2排出量削減

chapter 3-1

革新的建機普及のさらなる加速を

建機などによって排出されるCO$_2$（二酸化炭素）の削減対策は、既に様々な機関が取り組んでいる。建設段階でのCO$_2$排出量はサプライチェーン全体で数パーセントで、施工者にとっては削減義務があるスコープ（Scope）1、2に該当する（図3-1）。しかし、建機の低炭素化、脱炭素化は建機メーカーに負うところであり、機械の数は全然足りない印象だ。エンジン系はバイオ燃料、モーター系はグリーン電力の使用で対応しているが、需要に追い付いていない。

さらには、温室効果ガス排出削減目標の指標であるSBT（Science Based Targets）の認定には、「1.5℃シナリオ」で毎年4.2%ずつ削減しなければならない。森林のカーボンクレジット市場が十分に機能していないことを考えると、建設会社が削減できる量は限られている。

国土交通省は建設機械のカーボンニュートラルのロードマップを公表している文献(1)。施工の効率化、高度化やディーゼルエンジンを基本とした燃費性能の向上の他、電動や水素・バイオ燃料を動力とする革新的建設機械の普及を促進する予定だ。ただし、大型建設機械の普及促進は、2040年がゴールになっている（図3-2）。SBTでは2030年に約半分の削減を求められるので、施工者にとっては普及促進のさらなる加速が望まれるところだ。

筆者が所属する会社では、再生可能エネルギー事業による発電量からCO_2削減量を計算している。そして、これを「削減貢献量」として示すことで、スコープ1、2のCO_2排出量に対して、2030年までに実質的なカーボンニュートラルを実現するシナリオを立てている(2)（図3－3）。そのためには、売電を自己消費に変えることも想定しなければならない。

しかし、これは企業のキャッシュフローに関わることであり、企業経営上シミュレーションを行って、売電価格や炭素税、カーボンプライシングなどのパラメーターを考えて判断しなければならない。このことは第8章で詳細に述べる。

図3-1 ● 建設のサプライチェーンにおける建設段階（出所：EN15978を基に筆者が作成）

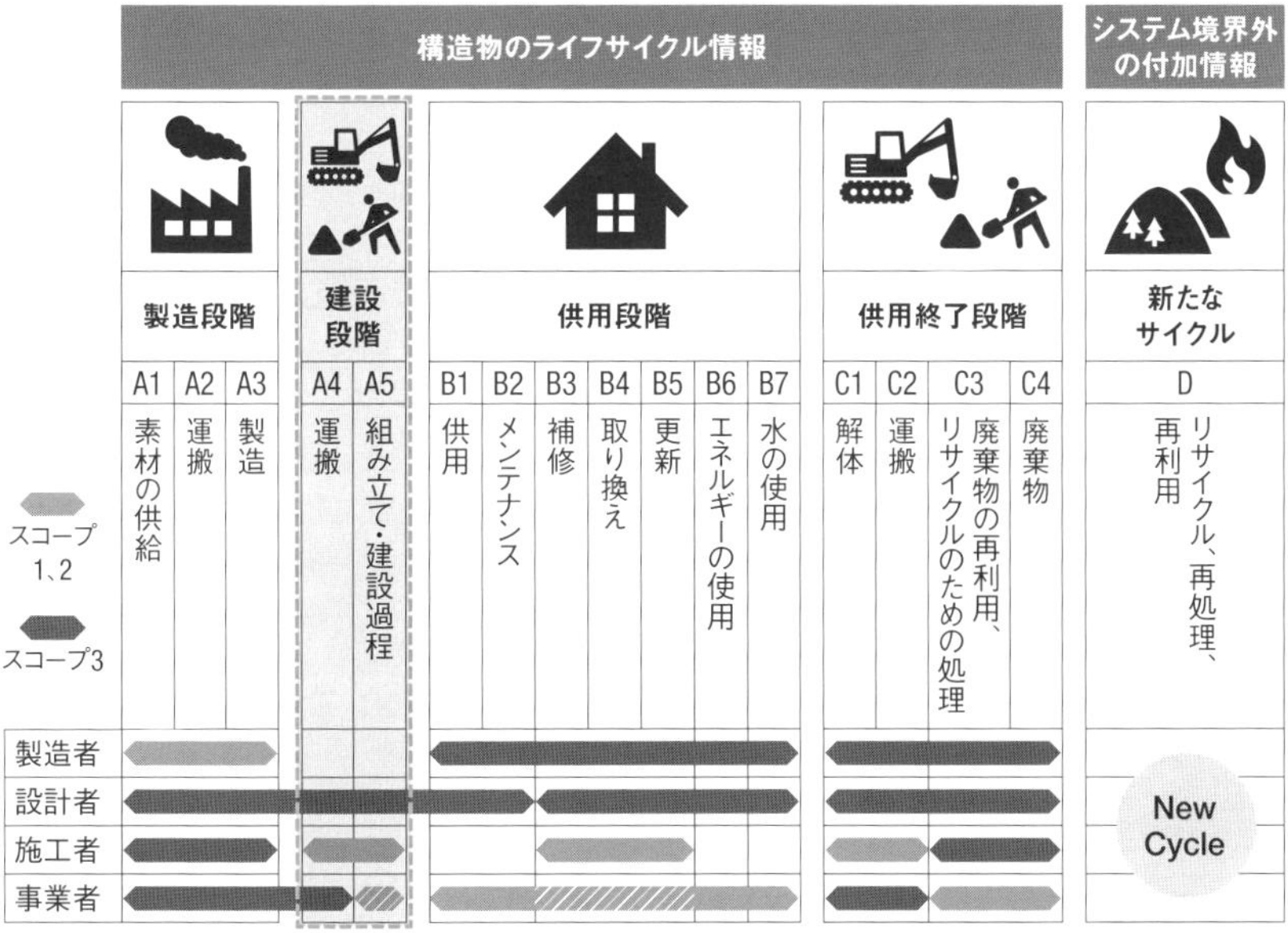

図3-2 ● 温室効果ガス削減に向けた革新的建設機械の普及予定
（出所：文献(1)を基に筆者が作成）

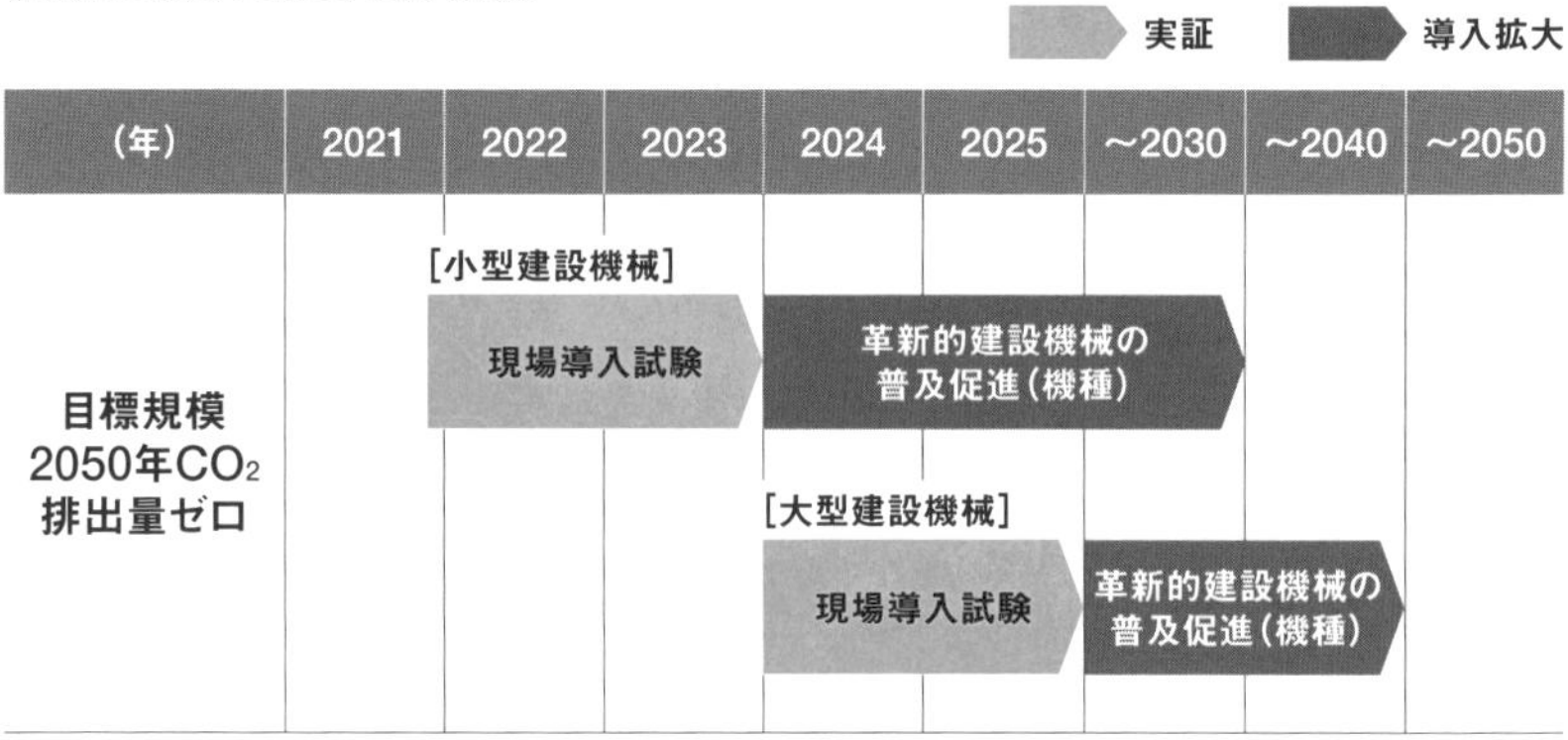

図3-3 ● 2050年のカーボンニュートラルに向けたロードマップ（出所：文献(2)）

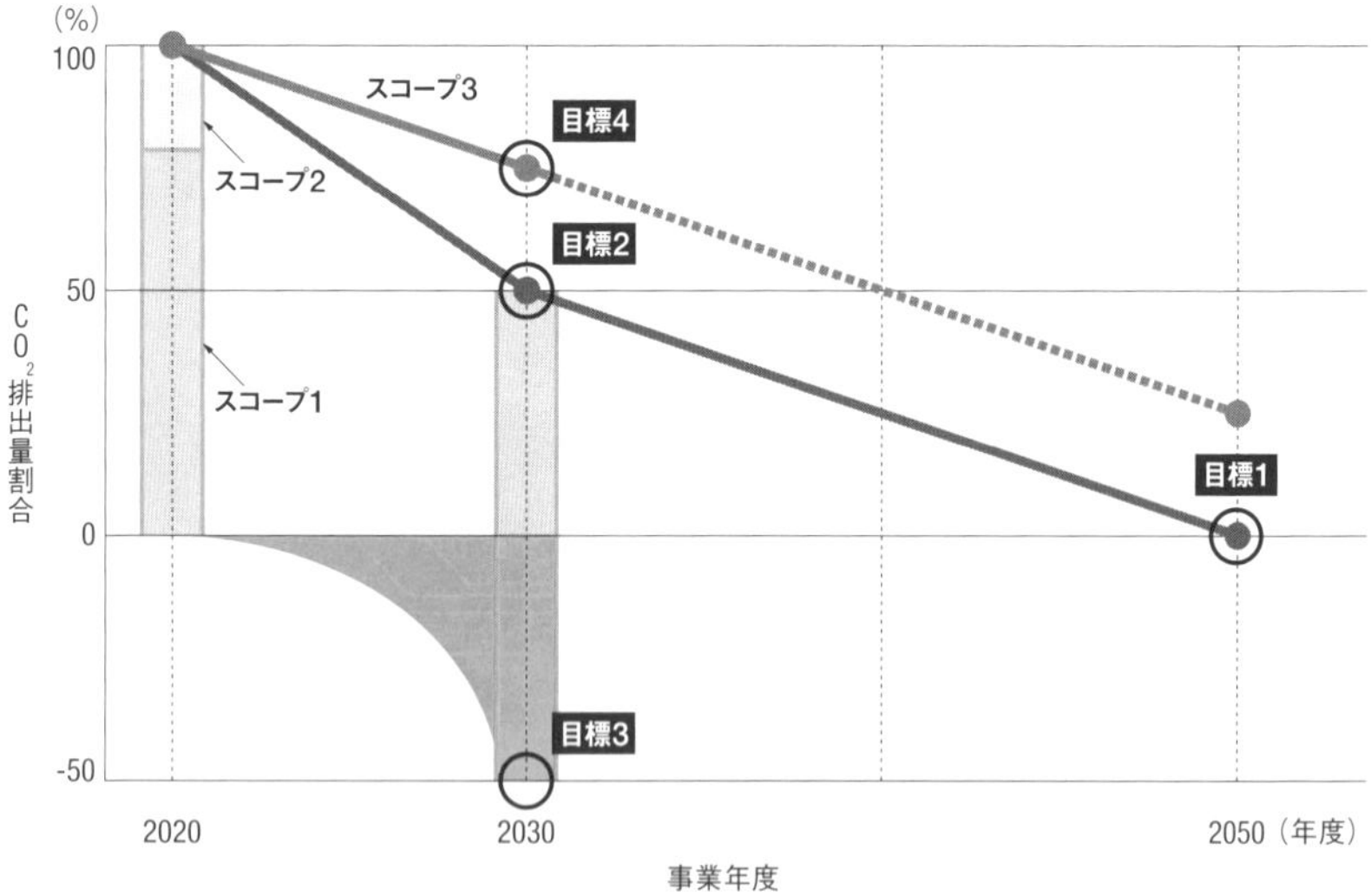

目標1 スコープ1、2のCO_2排出量について、2050年までにカーボンニュートラルを実現

目標2 スコープ1、2のCO_2排出量を2030年までに50％削減（基準年は2020年）

目標3 スコープ1、2のCO_2排出量に相当する削減貢献の取り組みを実施し、2030年までに実質的なカーボンニュートラルを実現

目標4 スコープ3のCO_2排出量を2030年までに25％削減（基準年は2020年）

chapter 3-2

設計段階におけるCO_2排出量削減

鉄筋コンクリートの発明がCO_2削減に大きく貢献

構造的工夫によるCO_2排出量削減の方策は、構造の軽量化と施工の省力化、つまり工期短縮である。コンクリート構造物においてコンクリートが排出するCO_2のほとんどは、セメント由来である。従って、コンクリートの量を減らして軽量化することが有効だ。しかし、一般的に軽量化するためには、コンクリートの強度を上げなければならない。そして、このことはセメント量の増加を招くために、軽量化とセメント量はトレードオフの関係にある。

現在のコンクリート構造物は、圧縮をコンクリートで、引っ張りを鋼材で負担するという異種材料による複合構造である。2000年たった今でも健在であるローマコンクリート（図3-4）は、無筋で火山灰を使用した現在のジオポリマーコンクリートの起源である。ジオポリマーとは、セメントを使わないでコンクリートのよう

図3-4 ● 紀元前25年に造られたローマのパンテオン
（写真:170ページまで特記以外はすべて筆者）

に硬化する材料だ。そのため、CO_2排出量を抑えられる。今では1824年の発明であるポルトランドセメントによって製造過程（$CaCO_3 \rightarrow CaO + CO_2$）で$CO_2$を大量に排出するようになったが、1867年の鉄筋コンクリートの発明によりあらゆる軽量な構造形式が可能になり、CO_2削減に大きく貢献した。そして、1936年に高張力鋼に緊張力を入れ構造物の強度を増すプレストレストコンクリートが発明され、コンクリート構造物のさらなる軽量化に貢献した。また、吊り構造（**図3－5**）やシェル（**図3－6**）も構造物の軽量化に大いに役立つ。

構造的工夫で軽量化した2橋

構造的な工夫による軽量化の事例を2つ紹介する。1つ目が長野県の国道19号に架かる

図3-5 ● 吊り構造の例。熊本県八代市に架かる梅ノ木轟公園吊り橋（写真:三井住友建設）

あげまつ大橋(3)である（図3−7）。この橋は設計・施工一括で発注された。基本設計案を変更して受注に至った案件である（図3−8）。アーチの軸線と曲線の線形を持つ桁をずらすことで、アーチリブやアーチアバットの軽量化を大幅に実現した。

鋼製の桁を単位体積重量の大きいコンクリートに変更したにもかかわらず、上部工の

図3-7●木曽川に架かるあげまつ大橋

図3-6●ドイツのサスニッツにあるシェル構造の建物

コンクリート量を20％低減し、結果的に長周期化することで地震力が30％低減。そしてアーチアバットのコンクリート量も30％減らすことが可能になった。曲線桁を持つアーチ橋は構造が難しいが、ちょっとした工夫で大幅な軽量化を実現できた事例である。

２つ目は兵庫県を通る新名神高速道路の武庫川橋[4]だ（図3－9）。高速道路の橋梁は施工者が設計・施工を行うので、基本設計案を詳細設計時に大きく変更した（図3－10）。

上部工を一般的な桁橋からバタフライウェブを用いたエクストラドーズド橋[5]に変えることで、その重量を20％低減した。バタフライウェブとは、コンクリート箱桁のウェブ（垂直部の板）を

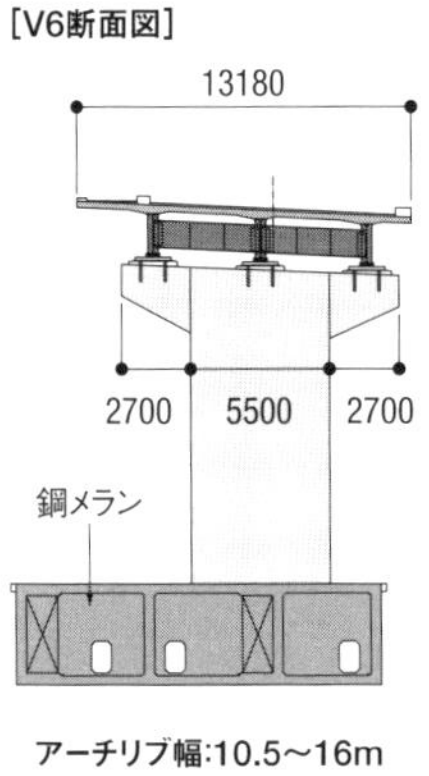

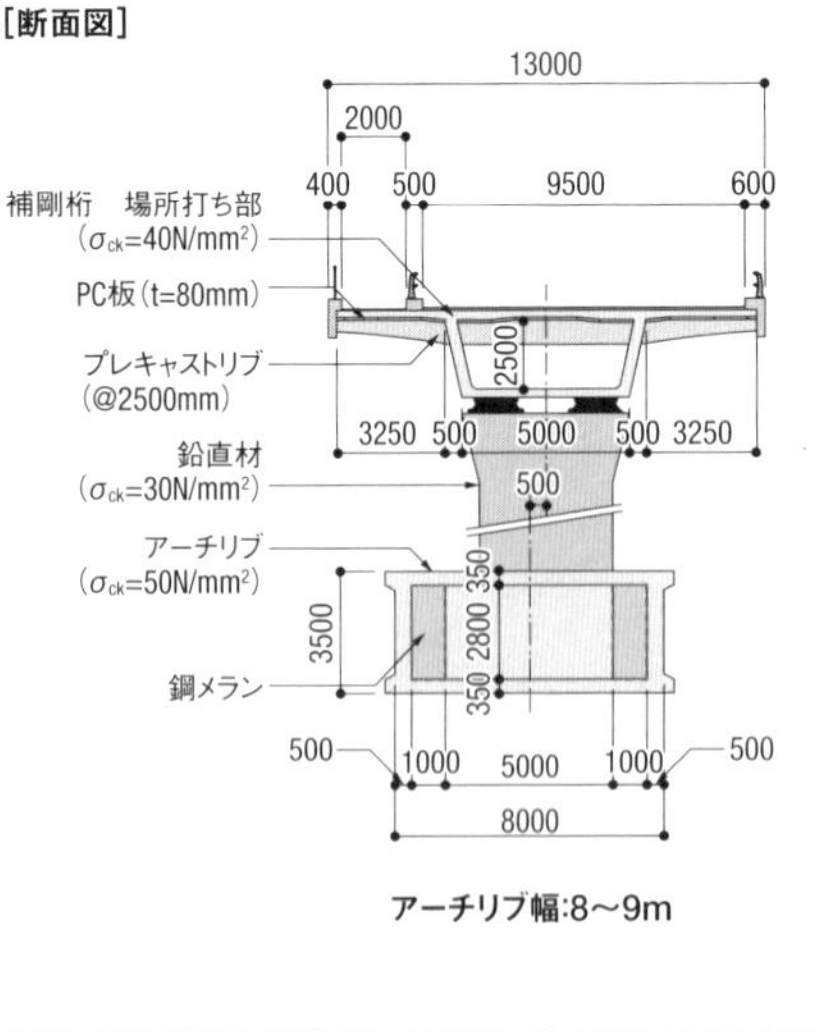

図3-8 ● あげまつ大橋の(a)基本設計案と(b)デザインビルド案(出所:三井住友建設)

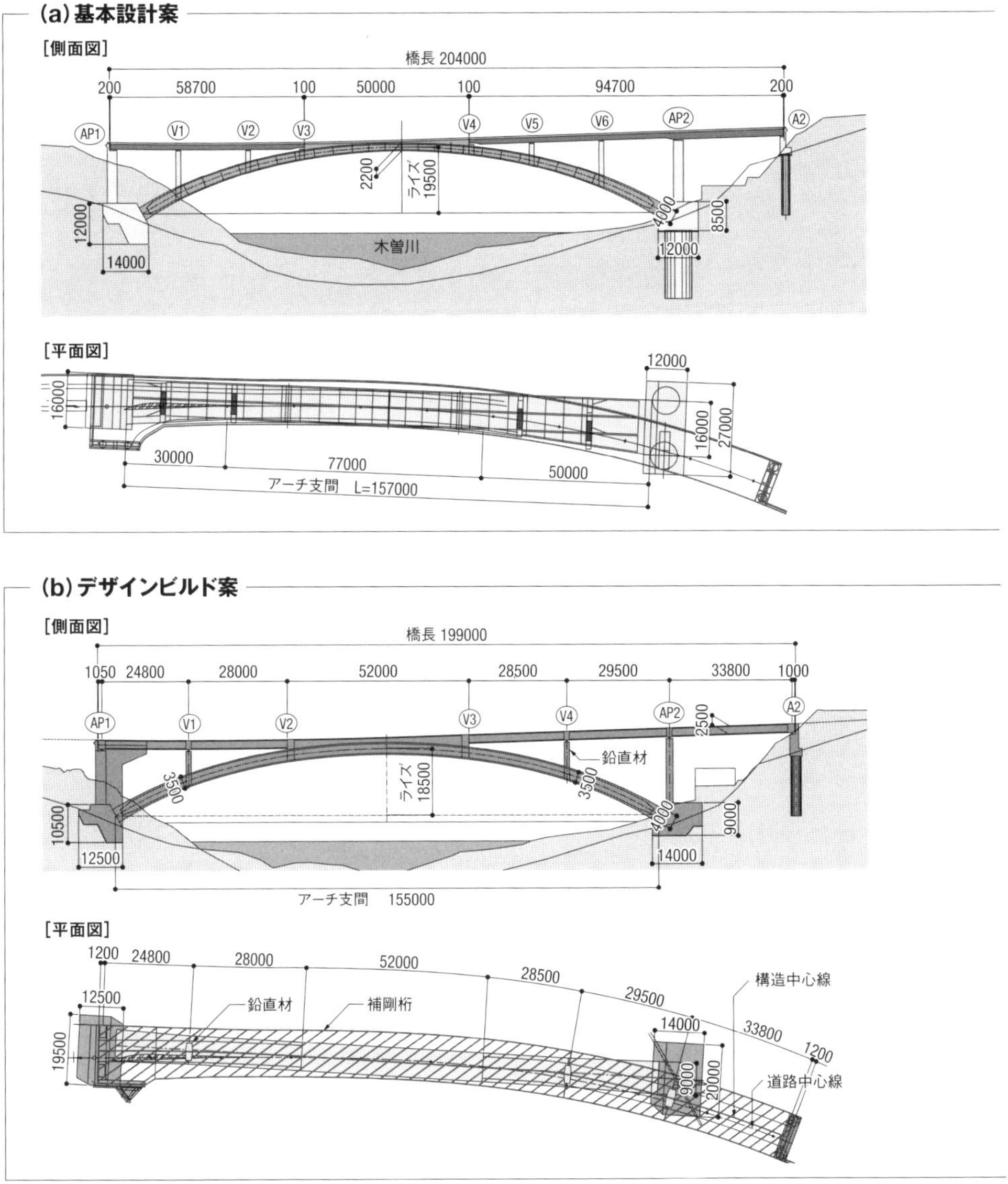

図3-9 ● 武庫川橋
（写真:三井住友建設）

図3-10 ● 武庫川橋の(a)基本設計案と(b)詳細設計案（出所:三井住友建設）

(a) 基本設計案

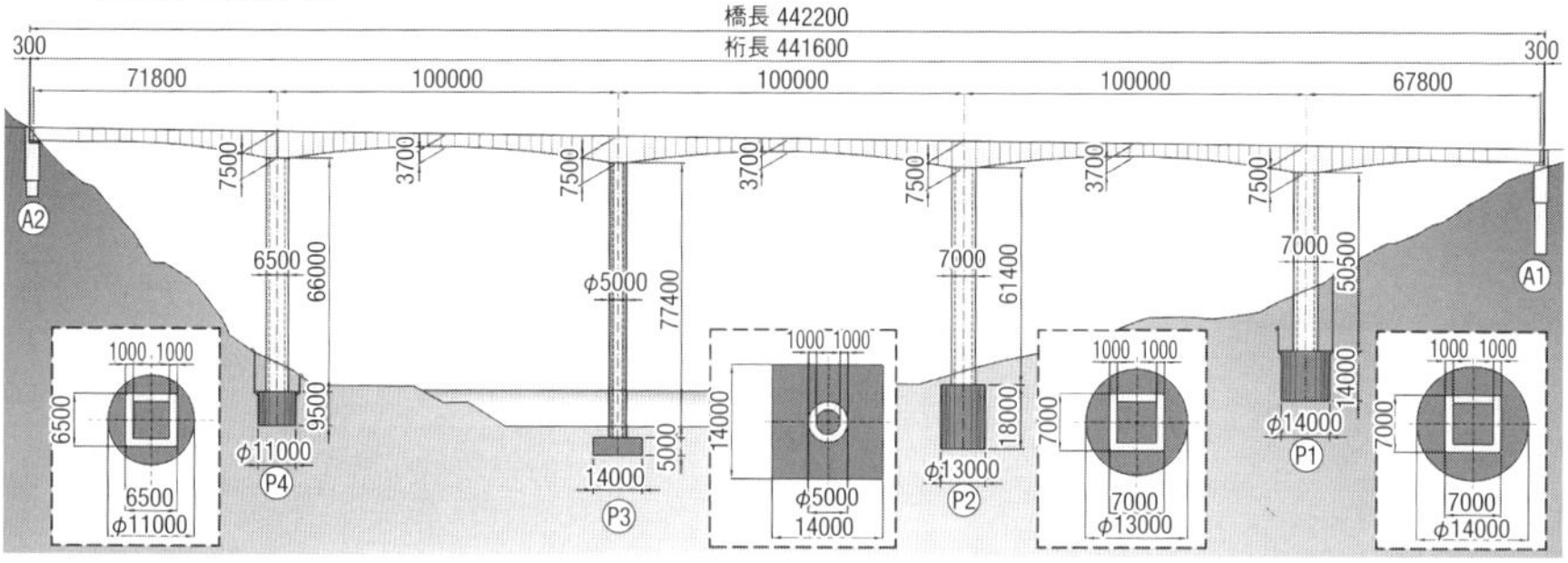

(b) 詳細設計案

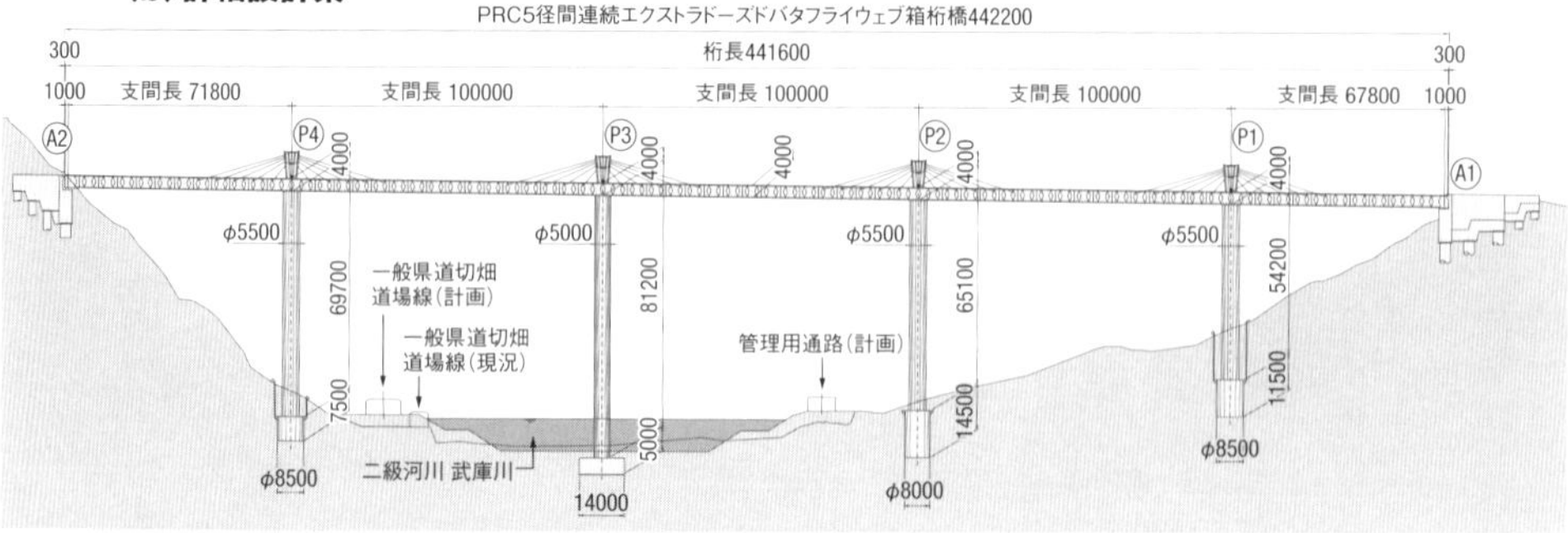

蝶形のパネルに置き換えるものだ。そして、橋脚に50MPaのコンクリートを用いることで剛性をできるだけ小さく、均一にして、構造全体を長周期化することで地震力を低減した。

その結果、橋脚のコンクリート量が約半分になり、CO_2排出量は上部工が13％減、下部工が50％減と大幅な削減につながった。コンクリート構造物は一般的に構造全体の剛性が高いために、地震力が大きくなる。しかし、これらの事例のように、積極的に構造の剛性を下げて柔らかくすることで、地震力を下げ、結果的に軽量化につなげることができる。

合理化した急速施工は生産性が上がる

もう一方の工期短縮は建設現場での機械の使用期間を低減できるので、施工者のスコープ1のCO_2排出量の削減にもつながる。その中でもプレキャスト化は、現場での作業の工期短縮に有効である。現在はプレキャスト部材の輸送でCO_2を排出するが、これもいずれはクリーンな燃料によるトラックが実現すると解決する問題である。

また建設工事は、様々な形で周辺の社会活動に影響を与える。渋滞が発生すればそれによるCO_2が排出され、工事の仕様を決めた事業者のスコープ1、2としてカウントされるべきものである。工期短縮の効果は決して小さくない。

工期短縮の主な方法は、急速施工だ。ただし、従来の工法で人力を大量に投入するだけでは省力化につながらない。橋梁の急速施工では、超大型の架設作業車を投入したり、橋の断面を部分的にプレキャスト化したりするといった工法が考えられる（図3－11）。

従来工法は月当たりのコンクリート打設量を増やしても月当たりの消化高（完成した工事高）は一定。つまり人も増えるということで傾きを持たない（図3－12）。しかし、合理化した急速施工は、月当たりの消化高とコンクリート打設量の関係が勾配を持ち、施工速度が上がり生産性が向上する(6)。特に図3－11の下段の３橋は、筆者の会社でも最大級の施工速度記録を持つ橋梁である。

コンクリート構造に革命を起こした2つの橋

ここで、歴史的にコンクリート構造物の施工に大変革を起こした工期短縮の事例を２つ紹介したい。１９３０年にフランスで施工されたプルガステル橋は（図3－13）、フランスのフレシネーによる施工改善によって、当初の鋳鉄アーチ橋と比べて大幅な工期短縮を実現し、工費を３分の１に削減して話題になった。３径間のコンクリートアーチの打設では、支保工を台船に乗せて、それを転用することで省力化を図った。まさに卓越した発想である。フレシネーはプレストレストコンクリートの発明者であり、コンクリート構造に革命を起こした技術者である。

もう１つが、ドイツのフィンスタバルダーが開発した張り出し工法である。高張力鋼に緊張力を導入した後、カプラーでつないでいくことで橋をある長さのブロックごとに施工する。張り出し工法は１９５０年に初めて採用され、１９５４年には支間長１００mを超えたニーベルンゲン

図3-11 ● 急速施工の検討に用いた合理化施工による橋梁

図3-12 ● 従来技術と合理化施工技術の生産性の比較（出所：文献(6)）

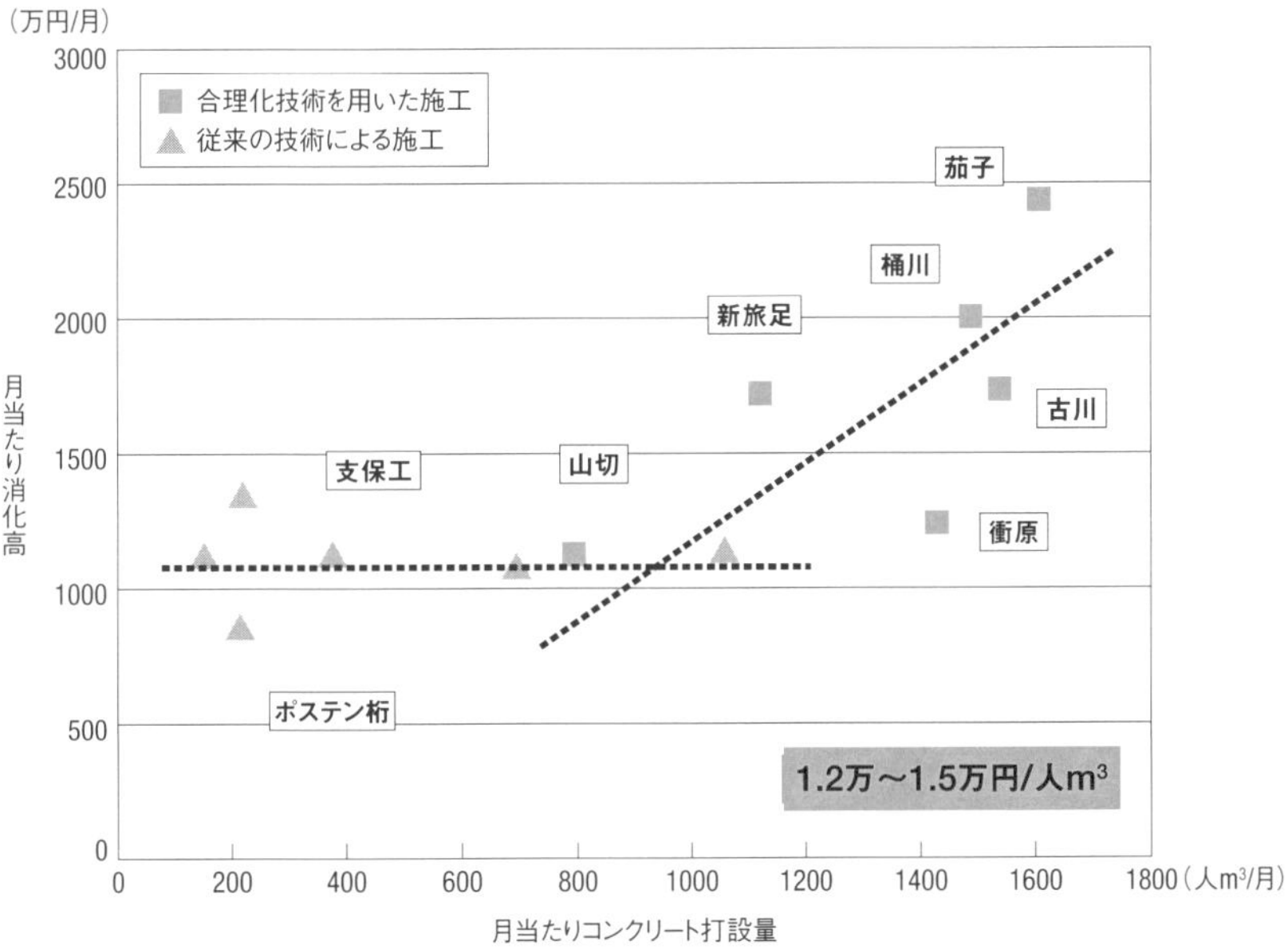

図3-13 ● プルガステル橋（写真：極東鋼弦コンクリート振興）

図3-14 ● ニーベルンゲン橋（写真：住友電工）

橋が完成した（図3－14）。そして、たまたま施工中にこの橋を見て驚愕した日本人が同工法を技術導入し、日本の高度経済成長期のインフラ建設に大きな役割を果たすことにつながった。

支保工を使用することなく、直下のあらゆる条件においても安全、迅速に橋を施工できる。現在では数えきれないほどの施工事例があり、世界の橋梁架設の標準工法になっている。まさにイノベーションと言える橋梁技術である。

このように構造や施工の工夫は、構造的解決による持続可能性の実現（Structural Sustainability）という概念でまとめられようとしている。筆者が所属する国際学会である *fib*（国際コンクリート連合）の中で委員会を組成し、そこでコンピューターのない時代から偉大なエンジニアたちが取り組んできたこれらの概念（Conceptual Design）を、これからの世代に伝えていくための設計ガイドラインを作ることを意図している(7)。筆者はこの委員会の主査を務めていて、世界のプロフェッショナルが集まり2024年のガイドラインの発刊を目指している。

chapter 3-3

材料の製造段階におけるCO₂排出量削減

低炭素・脱炭素コンクリートの実用化へ向けた技術開発

続いて建設ライフサイクルの最初となる製造段階の対応を見ていこう。鋼材やセメントがゼロカーボンを達成するまで、A1からA3までの低炭素化を進めなければならない（図3－1を参照）。セメントを産業副産物に置き換えたコンクリートは既に多くの研究、開発が行われており、少なからず実績がある。ただし、現時点でセメントすべてを副産物に置き換えることはできない。ゼロカーボンのセメントの実現までの移行措置と考えられる。

現在、経済産業省のグリーンイノベーション基金で、コンクリートの低炭素化、脱炭素化を目指したプロジェクトが推進中である[8]。これは、セメントの一部、あるいはすべてを副産物などの代替材料に置き換える「セメント置換タイプ」や、CO_2を吸収・固定化する材料を加える「セメント置換＋カーボンネガティブタイプ」に分けられる[9]。10年後の実用化を目指して、コンクリートのCO_2排出量を削減する技術開発を支援している。

低炭素コンクリートを構造物に使用する場合の課題はその強度である。コンクリート強度はセメント量と比例関係にあるため、セメントを減らすほど強度が出にくい。しかし、既にセメントを使わないコンクリートで１００ＭＰａを超える強度を実現した事例があり[10]、コンクリートで約70％のCO_2排出量削減が可能である（図3-15）。これについては、第6章で詳しく述べたい。

また、低炭素コンクリートはアルカリ度が通常のコンクリートより低いため（ｐＨ＝11～12）、初期から「中性化したコンクリート」ということができる。従って、耐久性を低下させないために、補強材が劣化しないよう被覆された鋼材を用いたり、アルミやステンレスなどの非鉄性の補強材、あるいはプラスチック繊維の補強材を用いたりするなど、何らかの対策が必要になる。

フットプリントのデータベース化

２０２２年、ゼロセメントタイプの環境配

図3-15● ゼロセメントコンクリートの例（写真:三井住友建設）

慮型コンクリートを用いた建築物が国内で初めて特別工法評定を取得した[11]。セメントを使用しないコンクリートの建築構造部材への適用は、建築基準法の範囲外である。そこで、プレキャスト部材の製造管理手法を確立するとともに、材料特性や構造性能、耐火性能を確認し、ゼロセメントタイプのコンクリートが一般的なコンクリートと同様であることを実証している。

取得までに9カ月を要したが、建築物を限定した個別の特別工法評定として認められた。法的にセメントを用いないコンクリートはまだハードルが高いが、このような実績を1つひとつ積み上げることによって、ゼロセメントコンクリートのような特殊な材料が世の中に浸透していくのである。

欧米では、第三者の認証を受けてEPD（Environmental Product Declaration：環境製品宣言）ラベルを取得した生コン工場や鉄筋などの鋼材に関するカーボン・フットプリントのデータベースが充実している。例えば、米グーグルや米マイクロソフトが支援している非営利団体の「Building Transparency」のEC3が代表格である[12]。

これからの対応は平均の原単位ではなく、生コンやプレキャストといった工場、鉄筋・鋼材・建築設備などのメーカーごとのEPD認証を受けたフットプリントのデータベースが不可欠になってくる。そして、調達時にはこのデータと輸送によるCO_2排出量を考慮して、最適な調達方法を決定することになる。

コストが高い低炭素化、脱炭素化されたメーカーと、コストは安いが未対応のメーカーが存在してくると、前者にコストを払ってでも調達するという世の中のコンセンサスが必要である。そのためにも第1章で述べたように、炭素税などに裏打ちされた、CO₂に値段を付けるカーボンプライシングが不可欠なのである。

低炭素材料を調達できない施工者には仕事が来ない

ここで、施工者としての立場からスコープ3を考えてみる。プレキャスト製品や生コンは施工者のスコープ3に該当するので、削減したら「貢献量」としてステークホルダーにアピールできる。2023年6月にはISSB（国際サステナビリティ基準審議会）がスコープ3の削減目標の開示義務化を決めており、日本でも2025年以降に適用される見込みだ。削減の直接的な責任はないにせよ、「貢献」しているところをアピールしていかないと投資家から見放さるのである。

この削減量は、年度ごとの合計で判断され、各々の企業が定めたロードマップ（KPI）と比較されることになる。従って、あくまで削減した結果の総合計である。工事で低炭素技術がスペックインされていれば、その排出量を施工者のスコープ3として計上するだけである。しかし人任せでは、ほとんどの場合ロードマップの達成は難しいと思われる。

普通コンクリートで発注された工事で、施工者が提案した低炭素コンクリートが採用されれば、基本的には「このプロジェクトでこれだけ削減した」というアピールに使えるだけでなく、その年度のスコープ3の集計に貢献するというわけだ。建設サプライチェーンの一番下流側であるインフラやビルのオーナーは、結局、建設物のLCA（ライフサイクルアセスメント）で評価されるので、これまで以上に材料段階から低炭素を求めてくるようになるだろう。

一方で、「削減が誰の責任か」という問題は、結局「誰が炭素税を払うのか」と同じ問題だと考える。施工者がクライアントから低炭素材料を要求されたら、施工者はそれを調達しなければならない。材料の低炭素化はメーカーの責任なので、そのコストがオンされる。

施工者が調達できないときは、低炭素でない材料を買って、カーボンクレジットを購入し、それと足し合わせてクライアントの要求に応えることになる。そのクレジットをクライアントが認めるかどうかはケースによって変わるが、事業者にとって同じコストをかけるのであれば、低炭素技術を選択するであろう。これは、低炭素材料を調達できない施工者には仕事が来なくなることを意味する。結局、サプライチェーンの最下流であるオーナーは、「コストオンされた低炭素製品を買う」か、「炭素税をオンされた製品を買うか」のどちらかを選択することになるが、投資家の評価はもちろん前者である。そのためにも「炭素税≒カーボンクレジット」という世界が早く来ないと、今気運が盛り上がってきている技術開発のモチベーションも、そのうち萎えてしまうのではないだろうか。

chapter 3-4

プレキャスト工法による低炭素化、脱炭素化

蒸気養生でクリーンな燃料やCCUSを

低炭素コンクリートは強度の発現が遅いため、プレキャスト製品に用いる場合は、型枠転用の制約から蒸気養生を行う必要がある。しかし今のボイラーを使った蒸気養生は、かなりのCO_2を排ガスとして出すので、CCUS（Carbon dioxide Capture, Utilization and Storage：二酸化炭素の回収・利用・貯蔵）などによるCO_2の再利用を考えなければならない。

図3－16は、建物における現場打ちとプレキャスト施工のCO_2排出量の比較だ。プレキャストの場合、CO_2排出量の8割は材料に由来する。続いて多いのが養生で全体の8％を占める。これを削減するには、クリーンな燃料を用いるか、CCUSによるCO_2を再利用する必要がある。

クリーンな燃料の1つの方法として、水素ボイラーがある（**図3－17**）。水素はまだ高価であり、特にグリーン水素の供給は限られている。しかし、将来的に安価なグリーン水素が普及すれば、脱炭素技術として定着するであろう。あるいは、プレキャストコンクリート工場で、ミキサーやバケットの洗浄時に出る大量のアルカリ溶液を利用することも考えられる。例えば、ボイラーからのCO_2を特殊な膜で分離し、このアルカリ溶液に浸漬して炭酸カルシウムを生成する。

図3-16 ● プレキャストと場所打ちのCO_2排出量の比較（30階、延床面積4万m^2の場合）
（出所:三井住友建設）

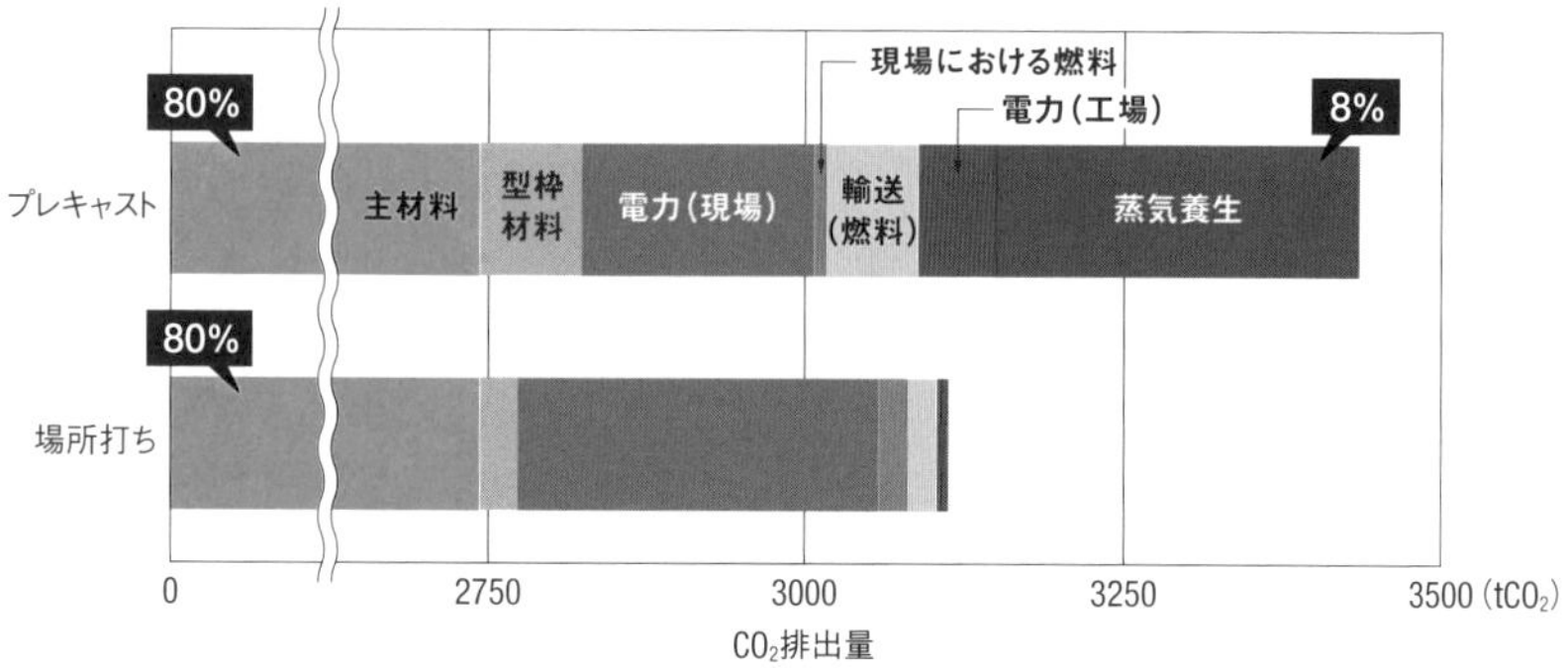

図3-17 ● 水素ボイラー（写真:三井住友建設）

$$CO_2 + Ca(OH)_2 \rightarrow CaCO_3 + H_2O$$

そうすれば、**図3−16**に示した「８％」の欠点を解決できる。もちろん、養生工程を見直して、蒸気養生を行わない選択肢も考えられる。ただし、現在でも蒸気養生ができない大きなボックスカルバートは、早期脱型目的でセメント量を増やして強度発現を早める対応が取られており、CO_2排出量削減に逆行している。いずれにせよ、プレキャスト化は世界の趨勢なので、これまでの慣例にとらわれない発想で、近い将来に備えておく必要がある。

「工場のロボット化」で生産性向上を

建設業界は２０２４年４月に適用された残業上限規制や、将来の担い手確保が大きな課題である。前者ではこれまでよりも工期が長くなると見られ、工事のCO_2排出量を増やしかねない。後者では担い手の確保が現在のレベルからCO_2排出量を削減することに直接つながらない。いずれにしても、まず生産性を向上させる方策に取り組む必要がある。既に述べたように、プレキャスト化は現場での作業を減らし、工期短縮につながるが、サプライチェーンで考えると、現場の作業が工場に移っただけで、全体的には改善されていない。

担い手不足を補う対策として、様々なところでロボティクスの技術が開発されており、ここでは工場のロボット化の一例を示す。ロボット化は、工場においても製作のスピードアップとともに、生産性の向上につながる。

図３－18は、橋梁のプレキャスト床版の鉄筋組み立てにロボットを使用した事例である。組み立てロボットに鉄筋を供給するサプライヤーが装備されている。2本のアームには、鉄筋保持装置と鉄筋結束装置がそれぞれ取り付けられている。1～1・3トンになるスラブ鉄筋ケージ（床版部に配置される組み立てた鉄筋）は、幅約10ｍ、長さ1・75ｍだ。通常だと6人掛かりで1日2ケージを組み立てられる。しかし、24時間、365日稼働可能な組み立てロボットを使えば、生産性を3倍に高めることができる。

世界的な潮流であるプレキャスト化は、工場のロボット化に加えて、ＩＣＴ（情報通信技術）による自動化が鍵である。そして、低炭素コンクリートも比較的容易に導入できる。このように、プレキャスト工法はこれからのコンクリート構造物のカーボンニュートラル実現に向けて、大きなポテンシャルを持っているのだ。

図3-18 ● **鉄筋組み立てロボットの事例**（写真：三井住友建設）

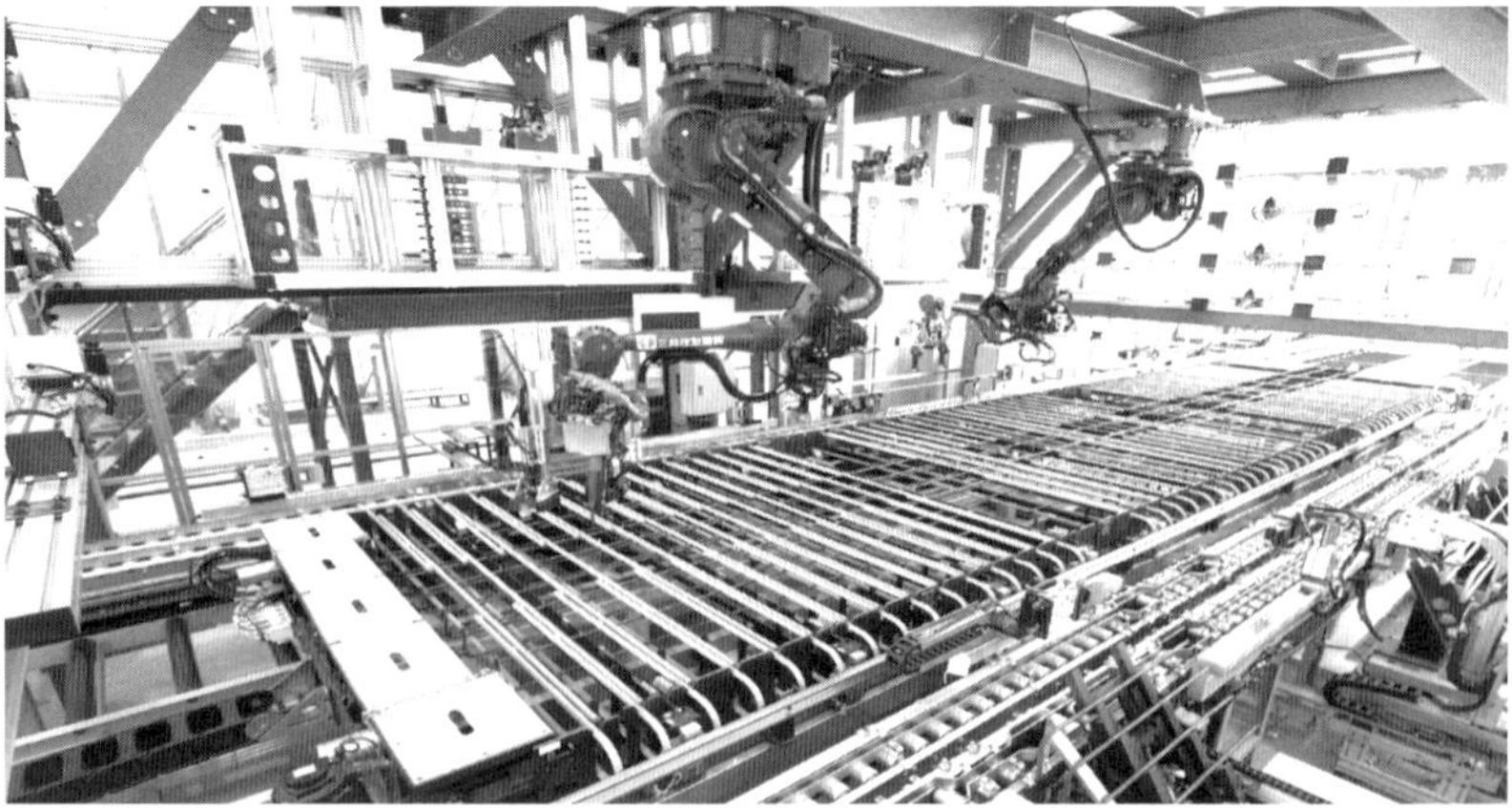

chapter 3-5

オフサイトコンストラクションのポテンシャル

オンサイトからオフサイトへ

米マッキンゼー・アンド・カンパニーは2020年、世界のGDP（国内総生産）の13%を占める最大の産業である建設業が、歴史的に見てあまりにも生産性が低過ぎたと指摘し、これからの建設業は自動車産業のように工業化していくべきだと説いた⒀。つまり、できる限りオフサイトである工場での製作を推進し、オンサイトである建設現場での作業を減らすということである。そのためには、IoT（モノのインターネット）やBIM／CIMなどのデジタル技術が不可欠であり、サプライチェーン全体を巻き込んだ改革が必要になる。

このような考え方は、オフサイトコンストラクション（Off-site Construction）と呼ばれている。部材や部品を前もって工場など別の場所で製作して、できる限り現場での作業を減らすのだ。先に述べたプレキャスト工法がその代表である。

オーストラリアやシンガポールなどでは、さらに先を行く考え方を実践。建物の部屋ごとにモジュール化した工法を盛んに取り入れているのだ。「Modular Construction」と呼ばれている。特に、シンガポールは2014年から政府が主導してモジュール化（PPVC：Prefabricated

Prefinished Volumetric Construction）を促進していった（図3－19）。

このプロジェクトでは、最終的にマンパワーと工期を40％まで低減することを目標にしている(14)。具体的には、工場でコンクリートの箱の中に内装まで施工したモジュールを、トレーラで現場まで輸送し、組み立てるものである。オーストラリアの工法は外枠が鉄骨である点が異なるが、基本的には同じ思想である。両国とも地震がないので、これらのモジュールをコアコンクリートの周りに積み上げるだけでよい。

日本にもモジュール化した工法があり、既に多くのホテルなどの施設に採用されている(15)（図3－20）。これは全工程の85％を工場で製作し、現場での作業を最小限に抑えた工法である。ただし、構造部材がモジュールに組み込まれた鉄骨であるために、そのまま

図 3-19 ● シンガポールのPPVC
（出所:Building and Construction Authority Singapore、https://www1.bca.gov.sg/buildsg/productivity/design-for-manufacturing-and-assembly-dfma/prefabricated-prefinished-volumetric-construction-ppvc）

積み重ねる本工法は地震国の日本では8階建てが限界である。それ以上の中高層の建設は、コンクリートの構造フレーム（SQRIM⒃）と組み合わせることで可能となる⒄（図3－21）。この工法で特筆すべきは、モジュールを設置した後の配管工事を、各種工事の免許を持った多機能工で行っている点である。

図3-20 ● **SSUT工法**（写真:サトコウ）

図3-21 ● **コンクリートフレーム（SQRIM工法）に組み込んだSSUT工法**（出所:三井住友建設）

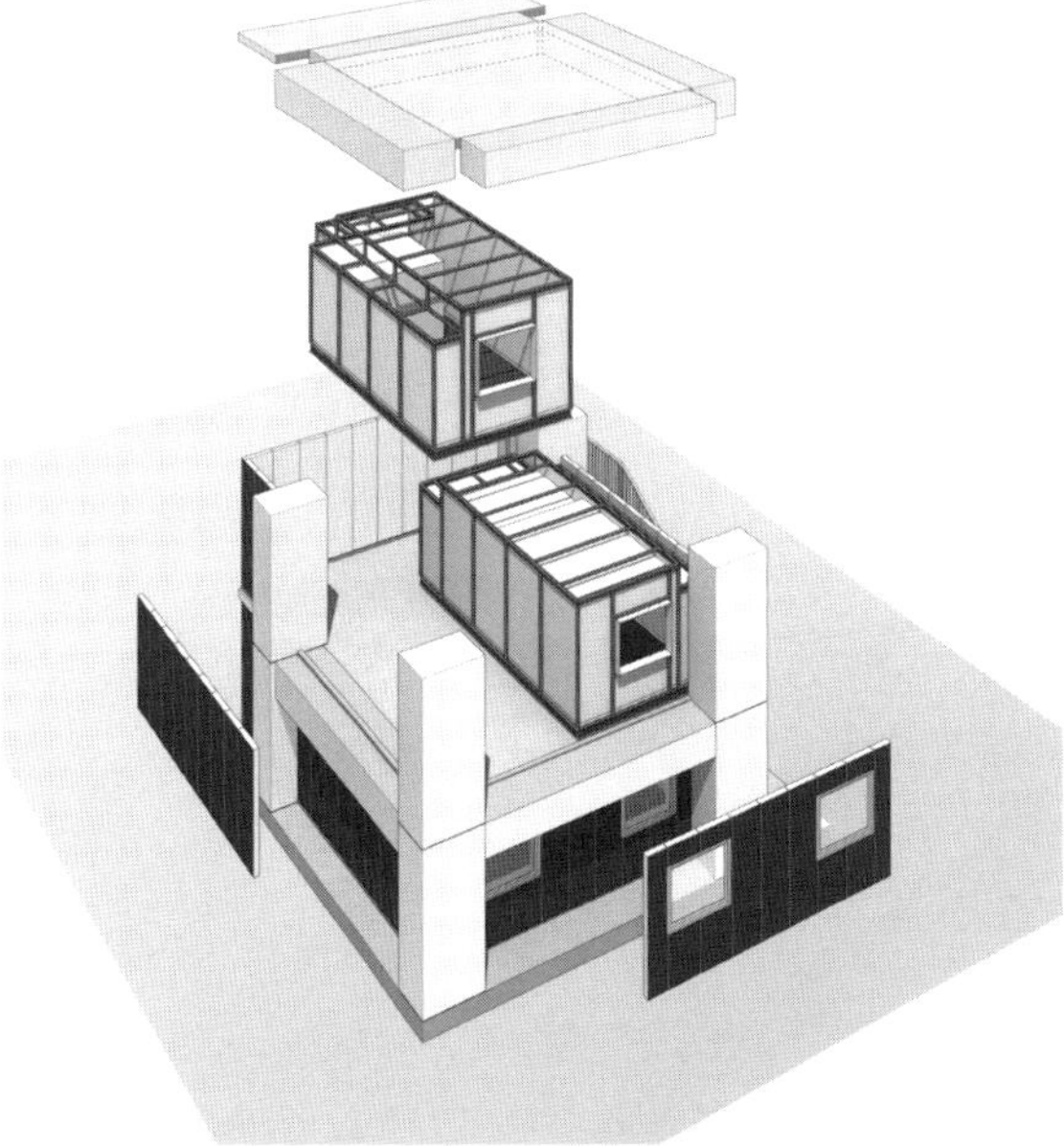

現在は、生産性向上とCO_2排出量削減の関係は定性的なことしか言えないが、管理された工場での作業を増やし、現場での作業を減らす生産性向上は、懸念される担い手不足の問題を解消し、現場での労働災害を減らすことにつながる。それは、現場に比べて工場での労働災害発生率が圧倒的に低いからである。このことは、筆者の会社の7工場のデータが物語っている。

現場での労働災害や品質不具合は工程の遅延を招くために、結局余分なCO_2の排出を招くことになる。管理された工場で部材や製品を可能な限り製造することは、低炭素化、脱炭素化の対応も取り入れやすい。そして、工場や現場のデータがＩＣＴによって蓄積されてくると、オフサイトコンストラクションの効果のシミュレーションも可能になると考える。

ＤＸ（デジタルトランスフォーメーション）やＳＸ（サステナビリティトランスフォーメーション）と非常にマッチしたオフサイトコンストラクションは、温暖化や担い手不足など建設産業が抱える課題を解決に導く大きな技術である。そしてこれは、先進国だけでなく途上国にも当てはまる。

chapter3 column

地盤改良技術も低炭素に

セメント生産量の約14％はセメント系固化材に用いられいる。主に地盤改良材としての適用である。固化材に産業副産物を用いる技術開発はこれまで取り組まれてきているが、脱炭素化、低炭素化の流れを考えると、セメントがゼロカーボンになるまでの移行措置としてこれから注力しなければならない領域であるといえる。ここではその技術の1つを紹介する。

三井住友建設が開発した地盤改良材「サスティンＧｅｏ」文献(1)は、セメントを使用せずに産業副産物などを用いた浅層改良を対象とした粉体混合方式を採用している。そして実証実験により、地盤改良時のCO_2（二酸化炭素）排出量や六価クロムの溶出量を低減する効果が確認されている。

まず材料由来のCO_2排出量の低減について。粘性土を対象とした実証試験においては、目標強度に応じた適切な配合にすることで、従来材料と同程度の添加量で必要強度を満たし、CO_2排出量は約5割低減することが確認された（**図1**）。

続いて六価クロムの溶出量の低減だ。地盤改良時に従来材料を用いると、土壌によっては六価クロムが環境基準を超えて溶出する場合がある。この低炭素材料を固化材として用いた場合、溶出量は現行の土壌環境基準値（0・05ｍｇ／ｌ）以下になることを実証実験において確認した（図2）。
ノルウェーでは、基礎工事における温暖化ガスの削減に取り組んでおり、粘土質の多い地域で気候に優しい土壌を確実に安定させるための新技術の開発を行っている(2)。これからも、地盤改良技術の低炭素化に注目していきたい。

図1 ● 従来技術とのCO_2排出量の比較
（出所：三井住友建設）

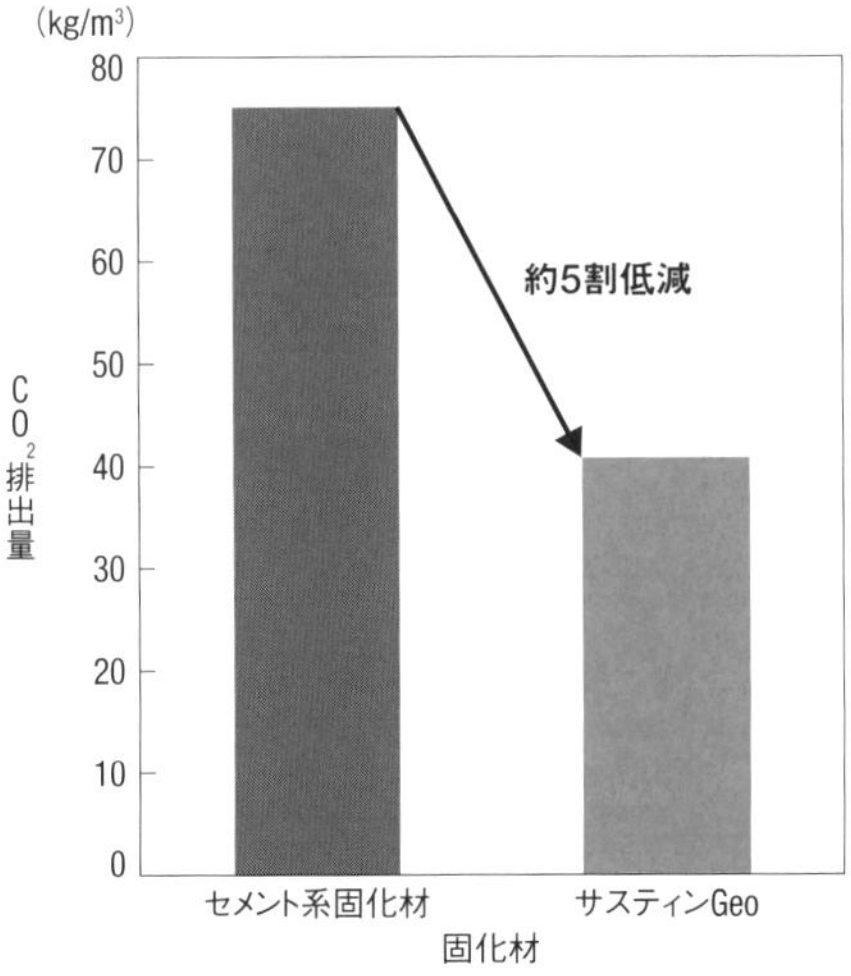

図2 ● 従来技術との六価クロム溶出量の比較
（出所：三井住友建設）

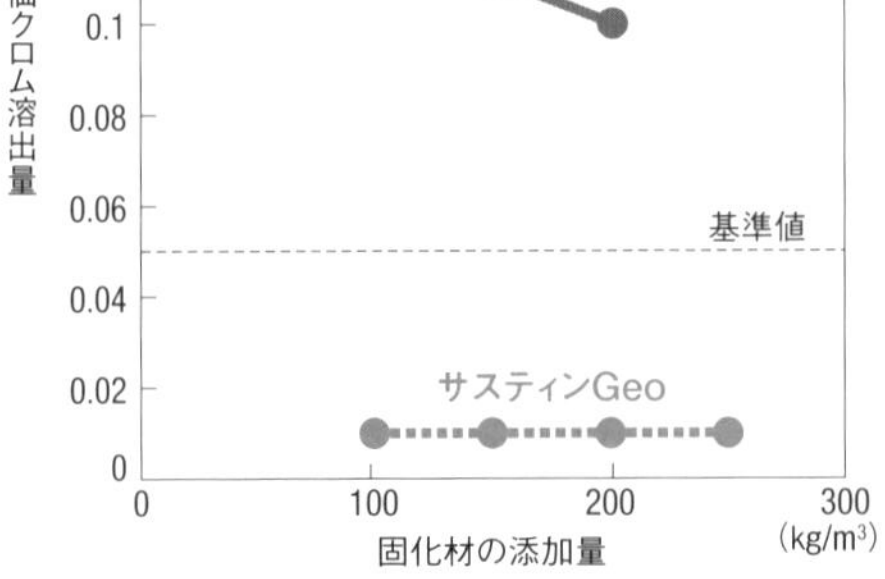

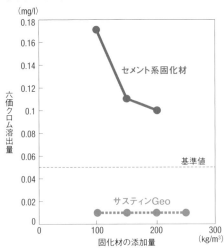

第4章

供用段階で使える低炭素技術

chapter 4-1

データが少ない保全におけるCO₂排出量

様々なイベントが起こる供用段階

コンクリート構造物のサプライチェーンの中で、最も期間が長いのが供用段階だ。その間に起こる様々なイベントによるCO2（二酸化炭素）排出量の削減を考えていかなければならない。供用段階の主なCO2排出の要因は、保全のための工事、工事による社会活動へのインパクト、災害による復興とがれき処理である（図4-1）。そして、それらによるCO2排出量低減の鍵は、高耐久な構造物を目指すこと、できる限り工事を短期間で終わらせること、災害による被害を最小化する補強を施すことである。

そして、コンクリート構造物の供用中にコンクリートが吸収するCO2の量を把握するシミュレーションツールを構築し、2050年の「ネットゼロ」に向けて準備しなければならない。

新設構造物は、供用段階の低炭素化に設計段階から取り組める。一方で既設構造物は供用段階にあり、対応策は限られてくる。しかし、後から高耐久化したり、保全工事を実施する場合はその工期を短くしたり、強靱化で補強したりすることは可能である。また、将来的に材料のゼロカーボンが実現しても、供用段階における配慮は変わらないので、ここでの対応策は重要である。

過去のデータから保全の原単位把握を

先に述べたように、コンクリート構造物のライフサイクルは供用段階がほとんどを占め、その期間は現在建設される建物で50～60年、橋梁は100年である。そして、この供用段階に排出されるCO_2削減はオーナー、つまり事業者の責務である。

建物の場合、供用段階のCO_2のほとんどがその設備から排出され、その量は竣工時に60年分を一度に計上することは第2章で述べた。近年、ZEB（ネット・ゼロ・エネルギー・ビル）やZEH（ネット・ゼロ・エネルギー・ハウス）が積極的に取り入れられており、建物の供用段階に対応した低炭素技術の導入は、それほどハードルが高くなくなってきている。しかし、工事である外壁などの改修は、その都度CO_2排出量を計上することになる。

一方、インフラの供用中のCO_2排出量も保全、つまり、補修、補強、更新の工事によるものが主である（**図4－2、4－3**）。そして重要なことは、設計時に決められる構造物の耐久性レベルと、その保全におけるCO_2排出量の関係を表すデータがほとんどないということである。建築の設備のように竣工時に供用段階のCO_2

図4-1 ● 供用段階における排出されるCO_2の要因、低減の鍵となる要素、対応策

CO_2排出要因	低減の鍵となる要素	対応策
保全のための工事	耐久性	（超）高耐久化
工事による社会活動へのインパクト	工事期間	急速施工
災害による復興とがれき処理	既設構造物の強靭化	構造物の補強
—	コンクリートによるCO_2の吸収	シミュレーションツール

排出量を計上できないため、保全工事ごとに積み上げることになる。しかしこれでは、LCA（ライフサイクルアセスメント）の最適化ができない（詳細は第6章を参照）。

また、供用段階の保全データは事業者が所有している。喫緊の課題は、耐久性レベルと過去の保全によるCO_2排出量をひもづけして、保全工事に関する原単位レベルの情報をそろえることである。

まず、過去のデータから供用段階での全CO_2排出量を補修・補強の全費用で割って、指標$α$（tCO_2／億円）を求める（**図4－4**）。この指標と耐久性レベルをひもづけると、既設構造物の残りの耐用年数におけるCO_2排出量や新設構造物の供用段階の補修・補強によるCO_2排出量を推定できる（**図4－5**）。

図4-2 ● **建設のサプライチェーンにおける供用段階**（出所：EN15978）

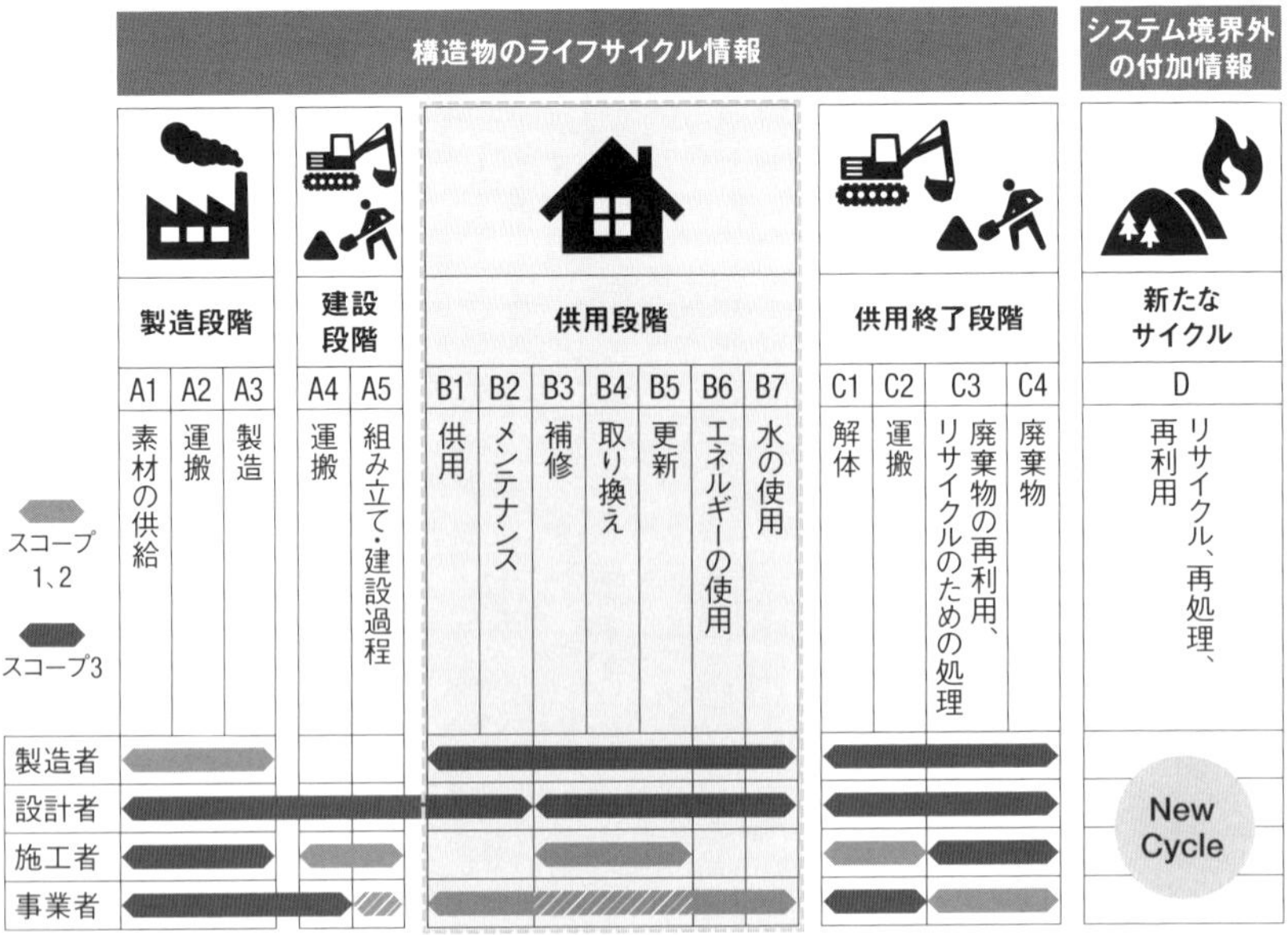

図4-3 ● 耐久性とCO_2排出量の関係（従来技術による構造の場合）

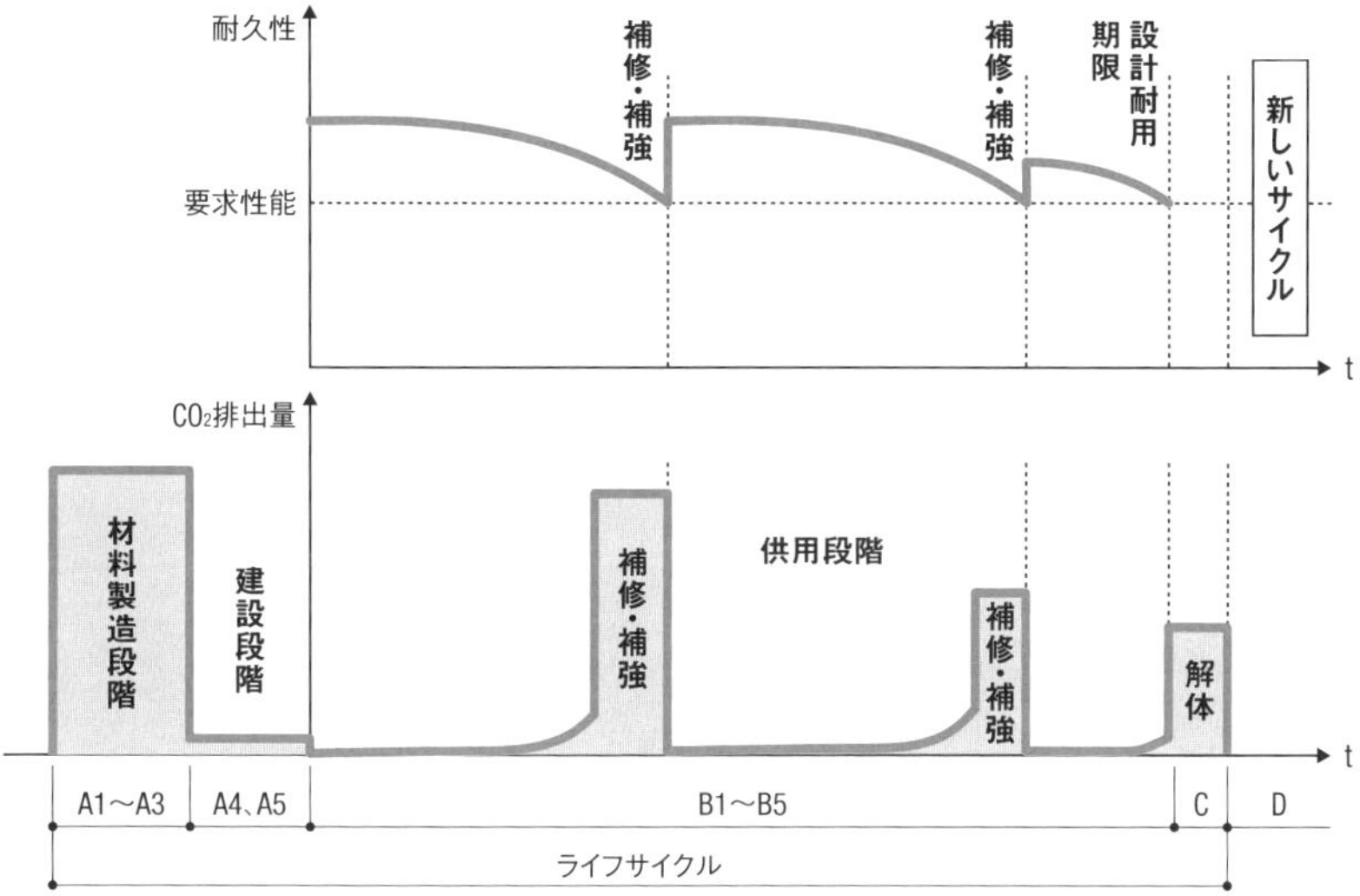

図4-4 ● 指標αの考え方

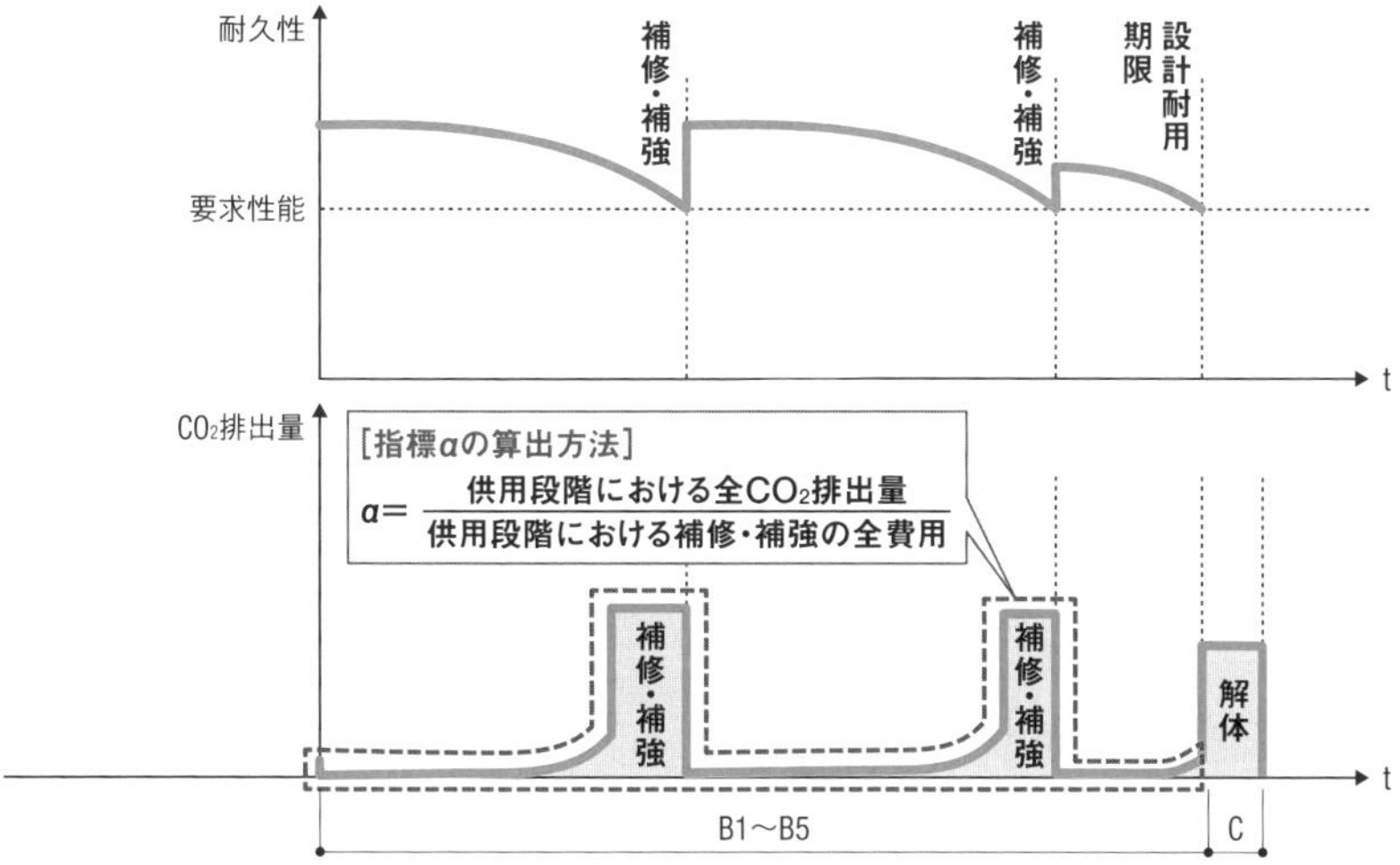

そして、時間はかかるが、耐久性レベルと保全によるCO_2排出量の関係を定量的に把握して、設計時に精度の良いLCAの最適化が行えるようにしていくことを目指さなければならない。これには産学官の協業が不可欠である。

高速道路の事業者から、「ライフサイクルにおける全保全費用は建設費の2～3倍かかる」という話を聞く。これは、その費用に見合ったCO_2を排出しているということに他ならない。第2章で述べたように、工費はCO_2排出量と強い相関がある。保全も工事なので、同じように400tCO_2／億円レベルと考えてもよいと思われるが、先に述べた過去のデータから、まずは保全の原単位を把握する必要があるだろう。

先進的なノルウェー道路局

ここで、ノルウェー道路局の取り組みを紹介する文献(1)。政府のアクションに従い、現在は78ユーロ／

図4-5 ● 耐久性レベルと補修・補強によるCO_2排出量の概念

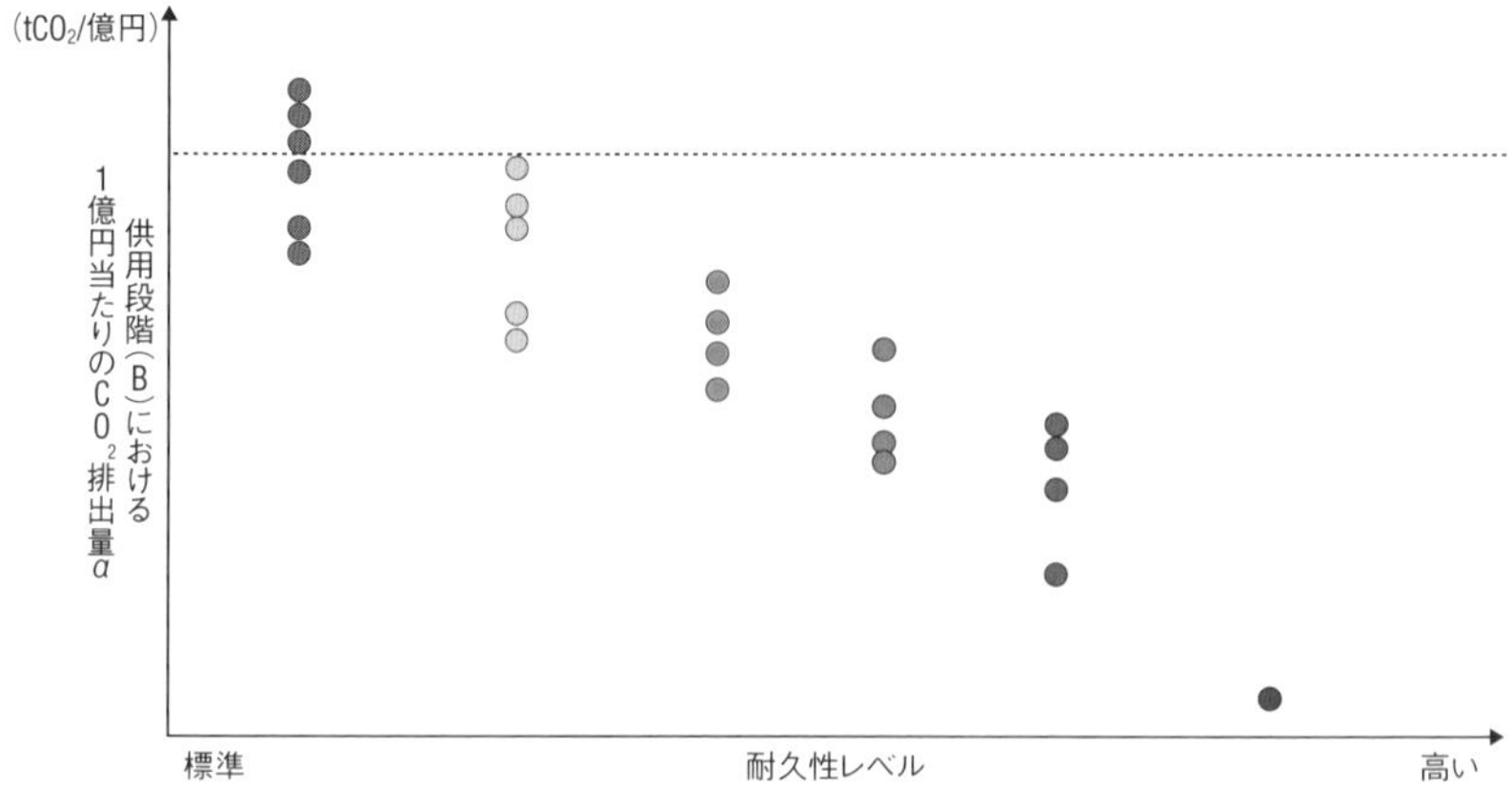

tCO_2のカーボンプライシングを導入して、持続可能な道路管理に取り組んでいる。そしてこの値段は、2028年には94ユーロ／tCO_2に上がる見込みだ。ノルウェーの2万橋のうち、約1万2000橋がコンクリート構造。そのうち、1990年以前のものが9400橋ある。従って日本と同様に、メンテナンス戦略が大きな影響を与える。

現在の技術では、電気防食などの補修技術によるCO_2排出量は、新設のそれと比べて10％未満であるが、彼らが既に取り組んでいる新しい低炭素化材料によってこの事情も変わってくると思われる。またノルウェーでは、海洋構造物での実績があるアルミニウム補強材も、構造物の高耐久化を図る方策として評価されている。これらのためにも、第3章で紹介したEPD（環境製品宣言）の認証を受けた材料を使用し、そのLCAを考慮している。

ノルウェー道路局では、地域ごとの様々な材料の最適化を促すために、データベースと統計に力を入れている。これによって、国の政策を実現するために、どこに注力すればよいのかを理解することができる。

さらに同道路局は、デジタル技術が設計での材料の最適化に貢献することを理解しており、VegLCAと呼ばれているプログラムで構造物の全寿命期間中に発生するCO_2排出量を計算し、設計者を支援している(2)。つまり、設計段階からすべてのCO_2排出量を計算するため、対策によるその削減率が明確に分かるのである。ノルウェー道路局は、建設のカーボンニュートラルを実現するためには監督官庁、設計者、施工者、そしてユーザーの意識改革が必要なことを知っているのだ。

保全工事期間は費用をかけてでも短縮

新設工事はもちろんのこと、補修、補強、更新などの保全工事は、周辺の社会活動に何らかの影響を与える。つまり、渋滞や迂回により工事車両からのCO_2排出量が増加する。そして、事業者の計画に基づいて実施する新設や保全の工事で間接的に排出されるCO_2は、事業者の責任において削減されるものと考える（図4-6）。

工事の工法は、一般的に設計者と事業者で決定するため、施工者はそれにのっとって工事を実施する。工事により直接的に排出されるCO_2は施工者のスコープ（Scope）2であるが、工事の影響で車両の渋滞や迂回によって間接的に排出されるCO_2は事業者のスコープ2である。しかし、工事の前に施工者の提案によって工期短縮が図られ、間接的なCO_2排出量が削減されることも考えられる。この場合、施工者はスコープ3への「貢献量」として自身の投資家や株主、クライアントである事業者へアピールすることが可能になる。あるいは、削減量のクレジットを提案した施工者が事業者から受け取るという契約も可能であろう。ただし、このようなスキームは結果的にCO_2削減量のダブルカウントにならないような工夫が必要である。

保全の工事期間はCO_2排出量に大きく影響する。そのため、費用をかけてでも工事期間を短縮した方が、トータルのCO_2排出量が少なくなる（図4-7、4-8）。

ここで興味深い研究を1つ紹介する。工事による間接的なCO_2排出量と工期の関係を試算したドイツの研究である(3)。構造物の解体は最後の手段であるが、昨今ドイツでは1960年代に

図4-6 ● 工事によるCO_2の直接排出と間接排出の考え方

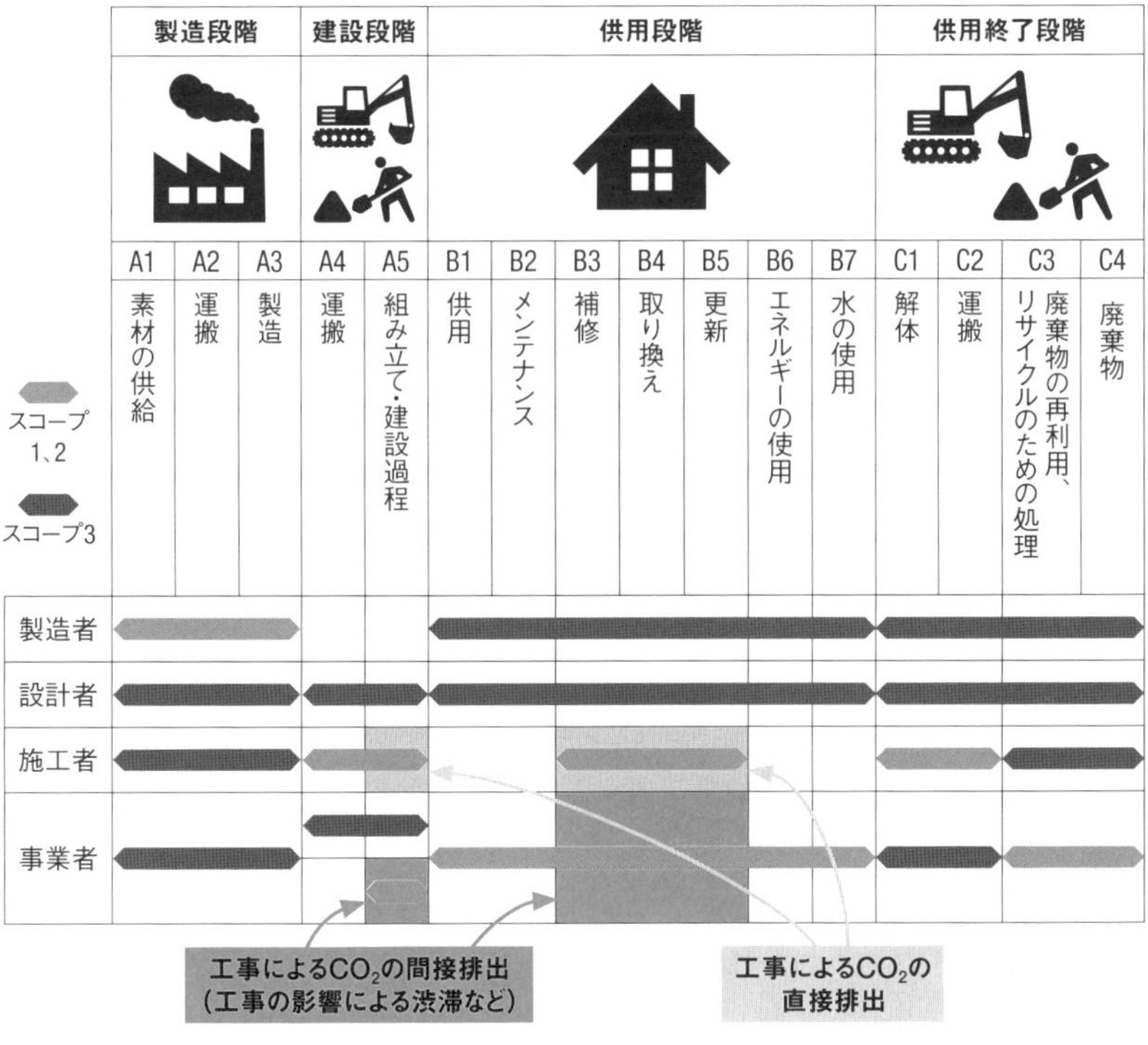

図4-7 ● 補修・補強により社会活動に与えるインパクトとCO_2排出量の関係

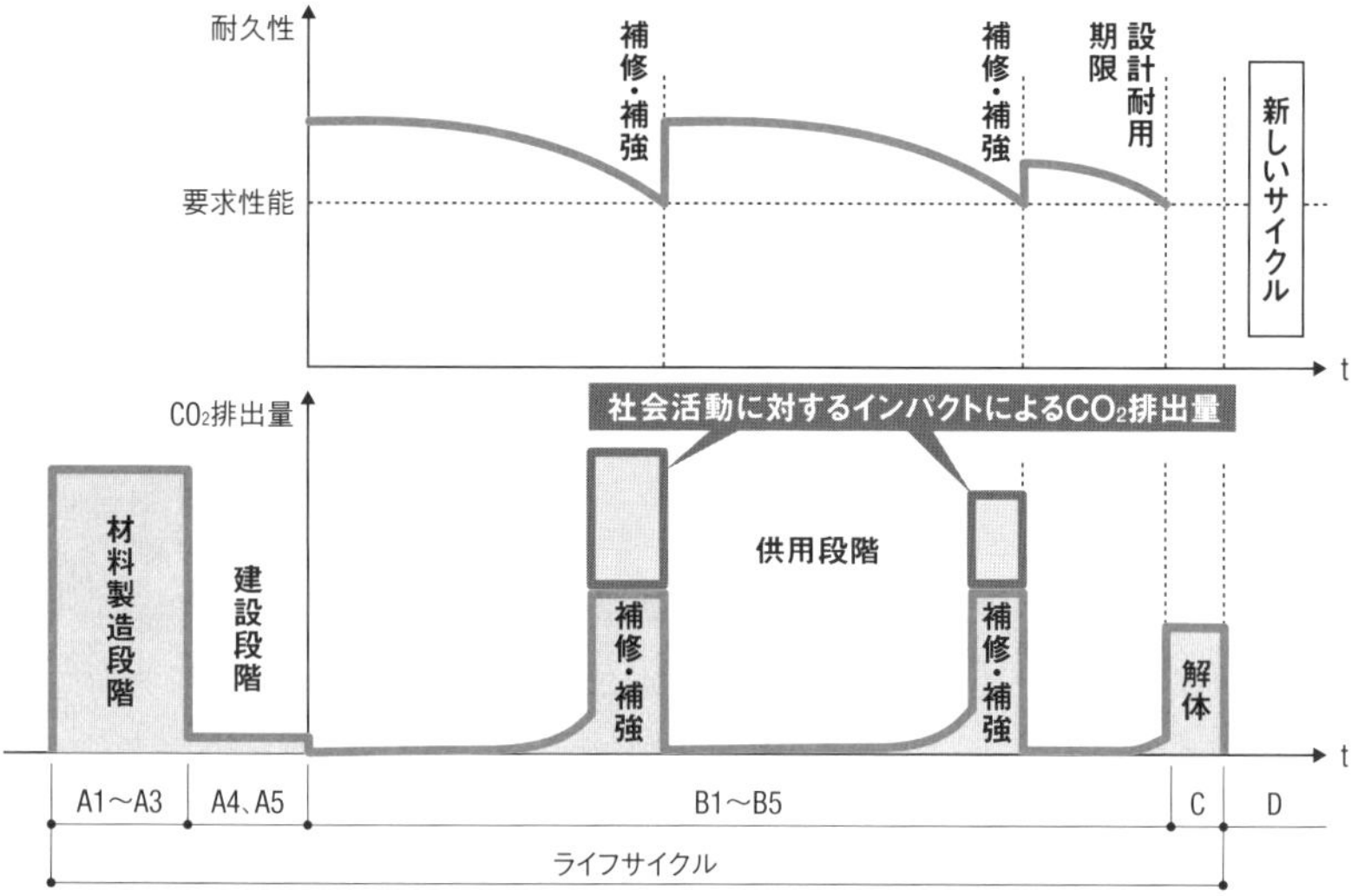

図4-8 ● 急速施工によるCO_2排出量の低減

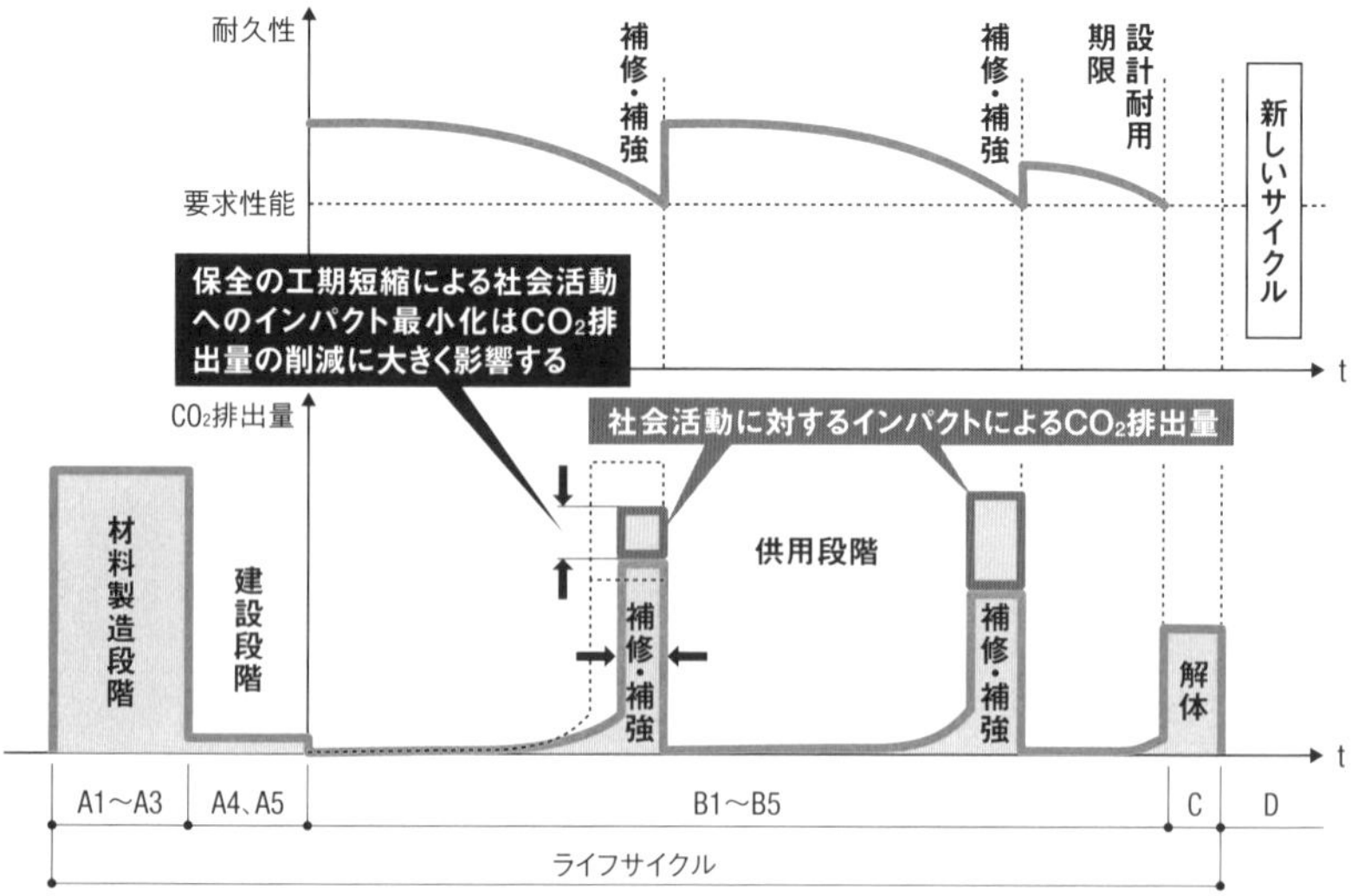

建設されたアウトバーンの爆破解体が話題になった。彼らは長期間交通規制をかけて渋滞を招くより、素早く解体して架け替えた方がトータルのCO_2排出量が最小化すると判断したのであろう。

この研究では、**図4－9**に示す断面の橋梁[4]について試算している。まず、1日の平均交通量を5万台、大型車の混入率を15％と想定した。通常の平均走行速度が時速115kmであり、ドイツでは渋滞を平均時速20kmと定義しており、工事による渋滞時の平均速度を15km／hと仮定している。そして、自動車1台当たりの渋滞時間は20分である。

図4－10に平均速度の関数としての乗用車からのCO_2排出量の回帰曲線を示す[5]。これによると、時速115kmの走行時は1台当たりのCO_2排出量が159.9g／kmで、渋滞時は同240.7g／kmである。その差（つまり渋滞による負荷）は80.8g／kmとなり、渋滞時間が20分なのでその走行距離は5kmとなる。従って、乗用車の渋滞によるCO_2の追加排出量は404.

図4-9 ● 試算に用いた橋のモデルの断面（出所：文献(4)）

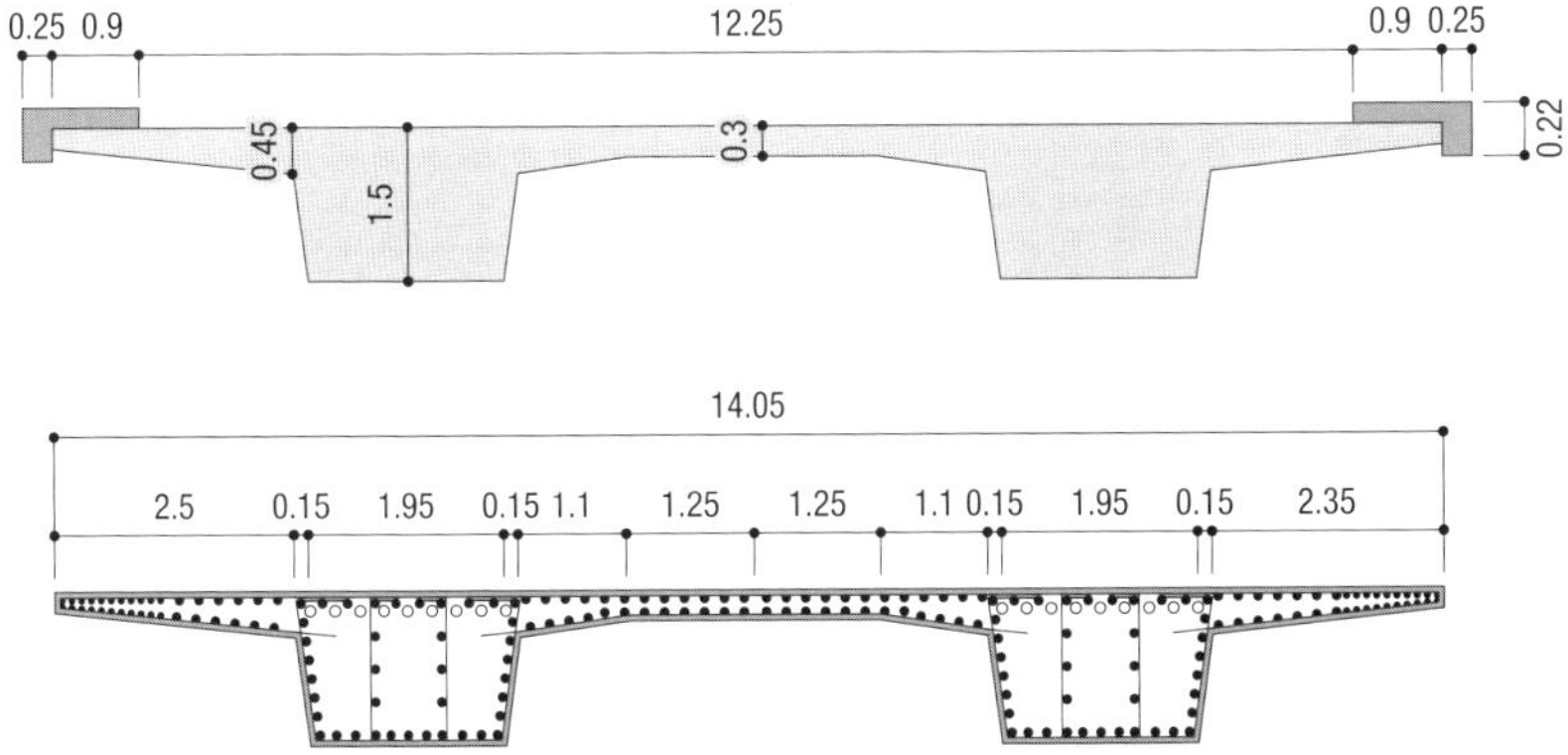

1g／台である。

　また、大型貨物の排出量は燃料消費量の比率を用いて推定して、1731・8g／トラックとしている。そして、工事による渋滞が排出するCO_2は、1日当たり13・57tCO_2と導き出している。このモデルの場合、A5のCO_2排出量の総量は65・1tCO_2である。従って、工期が1週間でも、間接的な排出量が上回ることになる。このモデルによる試算では、供用中の保全による措置は必要ないと仮定している。

　B1～B7ではコンクリートの供用中によるCO_2吸収量として、39・7tCO_2をクレジットで計上している[3]。そして、橋は爆破によって解体され部材レベルで再利用されることはないため、解体、破砕、保管の工程で40・7tCO_2の吸収、つまりクレジットとなる。

図4-10 ◎ 乗用車の平均速度とCO_2排出量の回帰曲線（出所：文献(5)）

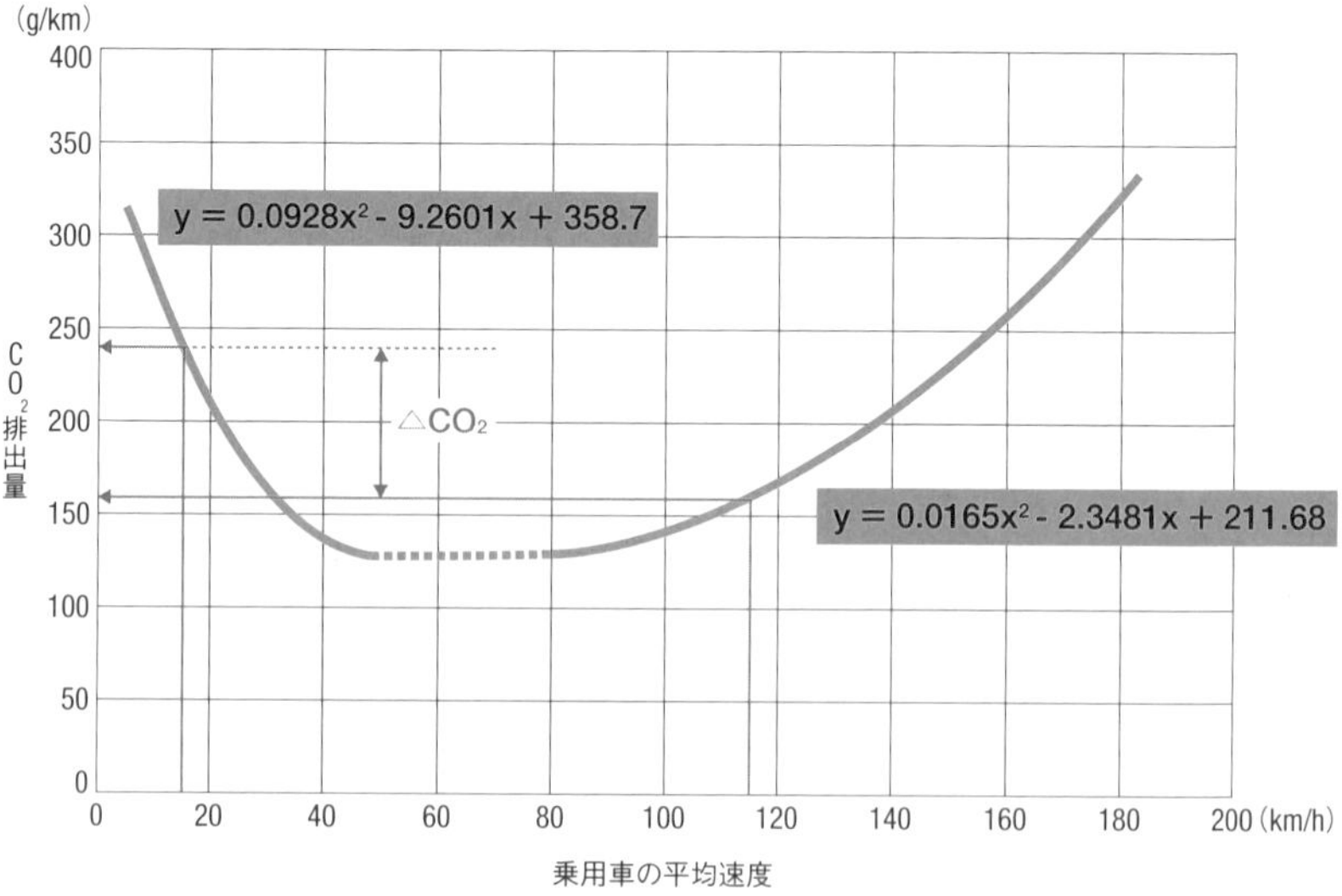

再利用段階では、コンクリートすべてがリサイクルされると仮定し、87・1tCO_2のクレジットとして計上している。

図4－11(3)に工期とクレジットを考えない全段階でのCO_2排出量の関係を示す。オレンジで着色した部分が渋滞による間接的な排出である。工期が6カ月を過ぎた辺りから混雑による影響がすべての直接的な影響を上回る。そして、24カ月後には、間接的なCO_2排出量が総量の80％を超えて支配的になることが分かる。

なお、この試算ではA～Cの負荷が工期によってほとんど変化がない。これはドイツでは場所打ち工法とプレキャスト工法のCO_2排出量に差はないとされているためである。工期は構造物全体のCO_2排出量に多大な影響を及ぼすと同時に、排出量の寄与を大幅に削減できる可能性を秘めていることが分かる。

図4-11 ● 工期と構造物のライフサイクルにおける環境インパクトの関係（出所：文献(3)）

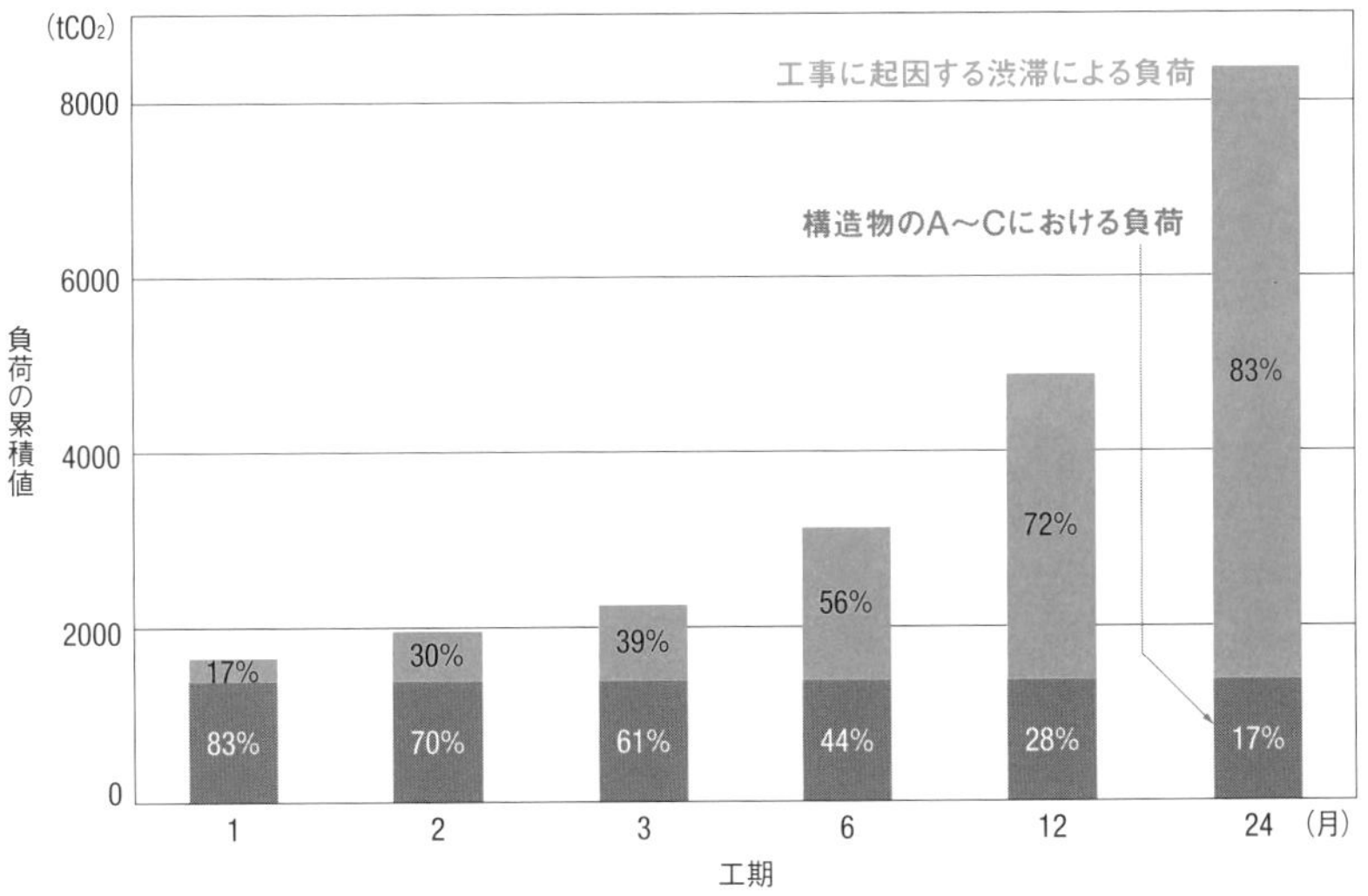

工期を6カ月と仮定して、ライフサイクルの各段階が環境に与えるインパクトをまとめたものが図4－12(3)である。リユースやCO_2吸収によるクレジットが167・5tCO_2なので、トータルで2969・3tCO_2の排出量となる。そしてこの試算では、間接的に排出されるCO_2の量は全体の約56％を占めるのである。

保全におけるCO_2排出量最適化の研究を

このように、保全における社会活動への影響の最小化は非常に重要なファクターである。その最小化に挑戦した実例を1つ紹介する。図4－13（a）と（b）はスペインのロスサントス橋の拡幅工事である(6)。1986年に建設され、交通量の増大により橋の拡幅工事が実施された。この拡幅工事は、代替道路がないために最小限の車両を通しながら、拡幅により追加される荷重を受け持つ機構を構築していくという非常に難度の高い工事であった。

新しい荷重を受け持つ構造部材を車線規制しながら道路中央部で構築する。そして、拡幅部とその荷重を伝達する部材を施工しながら拡幅工事を完成させるのである（図4－14、4－15）。橋梁のプロであ

図4-12●工期6カ月の橋梁のライフサイクルのおける環境インパクト（出所：文献(3)）

	製造	建設		供用	解体・処分		リユース	合計
	A1～A3	A4	A5	B1～B7	C1～C3	C4	D	
負荷	1233.3	61.1	1755	0	87.4	0	0	3136.8
クレジット	0	0	0	-39.7	-40.7	0	-87.1	-167.5
								2969.3

（単位:tCO_2）

図4-13●(a)ロスサントス橋と(b)拡幅の要領図(出所:FHECOR)

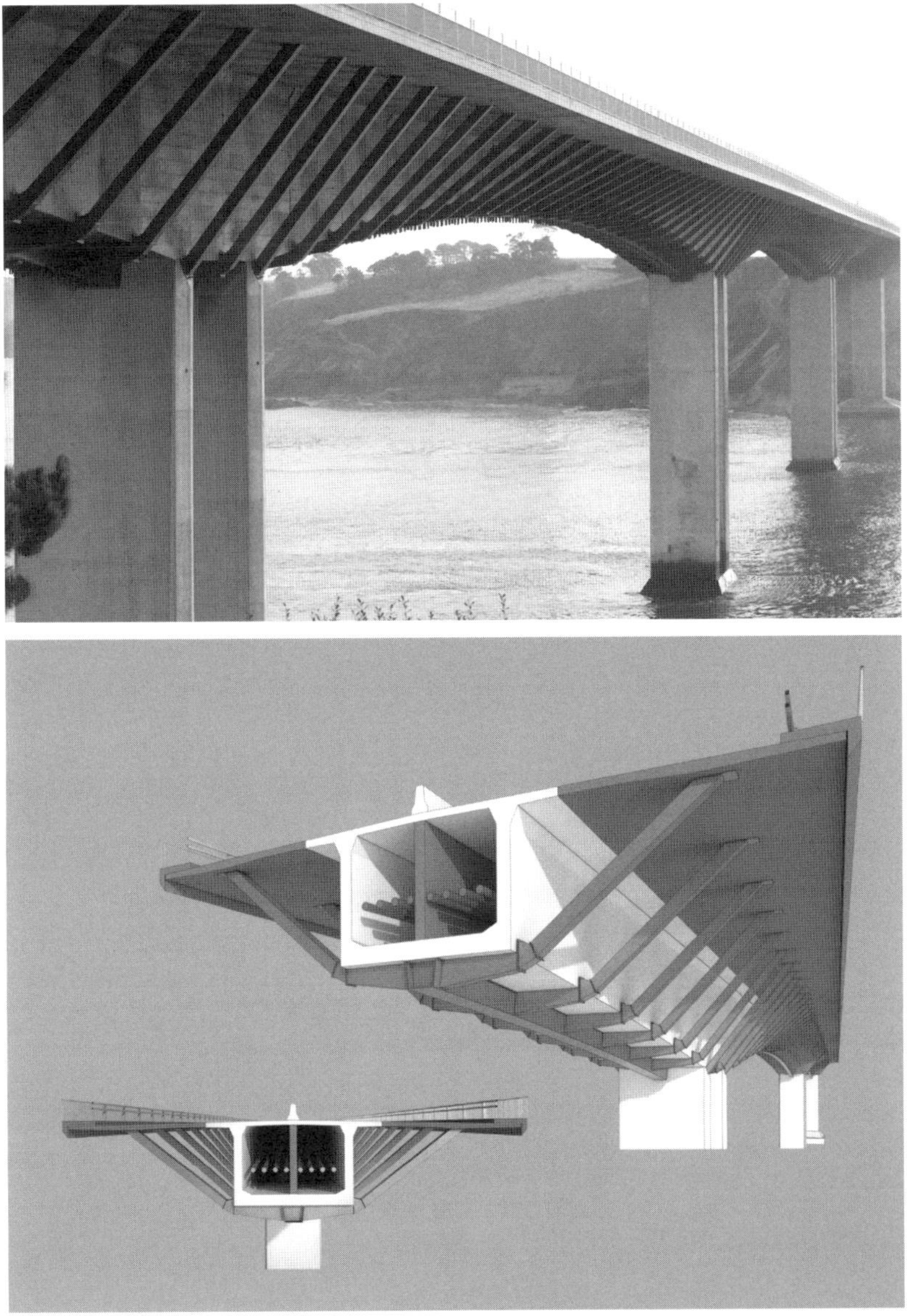

図4-14 ● 拡幅工事に伴う新しい部材の施工要領（出所:FHECOR）

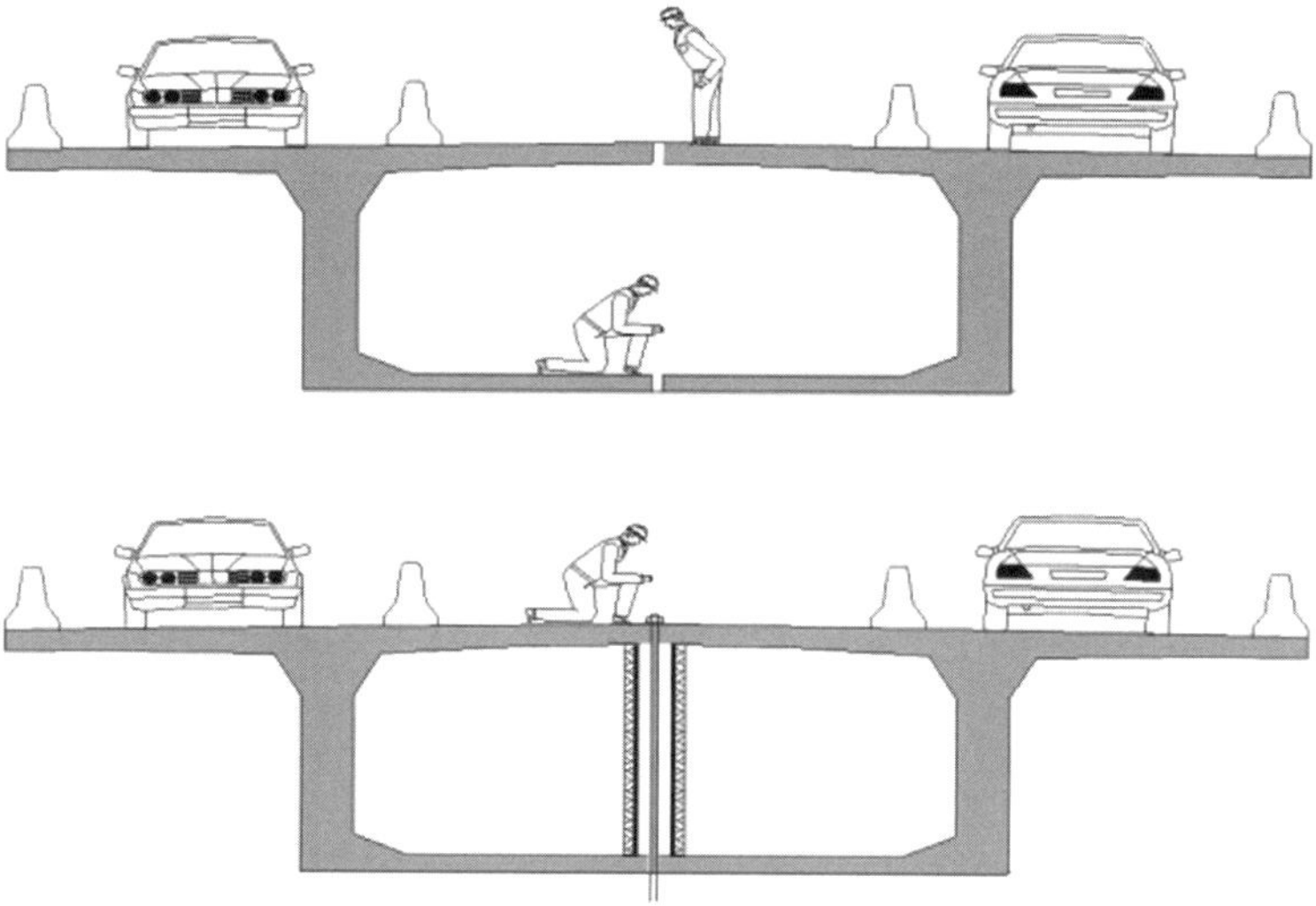

図4-15 ● 作業車によるストラットの取り付け（写真:FHECOR）

れば、この施工法は最適であることが定性的には理解できるが、今後は、交通への影響も考えたCO_2排出量を定量的に最小化することが求められる。そして、その時の最適化は、CO_2排出量をコストで換算したトータルコストが目的関数になると考えられる。

次に、供用段階の保全における最適化の研究を紹介する。橋脚の補強方法の最適化にCO_2排出量も含めた複合多基準決定分析による意思決定方法が可能であることを示した研究だ(7)。(1)再構築、(2)主鉄筋の取り替えと超高強度コンクリートによるラピング、(3)CFRP(炭素繊維強化プラスチック)による水平方向の補強、(4)コンクリートジャケットによる補強――という4つの選択肢から、環境、経済、社会、構造のパラメーターを用いて橋脚の補修工事のLCA全体を評価するためのアプローチを開発している。

この領域の研究はまだ緒に就いたばかりなので、日本も事業者の協力を得て、学協会が中心となり組織的に過去の情報を収集するところから始めていく必要がある。ここのデータがない限りコンクリート構造物のLCAは不可能であることを考えると、他に選択の余地はない。

chapter 4-2

構造物の超高耐久化

補強材でFRPが主流に

構造物は、設計で決められたその性能をライフサイクルで発揮することが求められる。従って、施工では設計通りに構造物が構築されているかを管理し、供用後は長期にわたって、設計で考えられた耐久性と性能の関係が保たれているかを、決められたメンテナンスプログラムによって検証していかなければならない。これまで述べてきたように、保全に費やすコストはCO_2排出量に比例していると考えると、これからの新設構造物は、できる限りメンテナンスの不要な超高耐久化を目指すべきである（図4－16）。

保全で一番重要なことは、補強鋼材をいかに劣化させないかということである。ローマのパンテオンなどは、無筋構造なので2000年たってもまだ構造物として機能している。つまり、コンクリート自体は非常に高耐久である。

日本における鉄筋コンクリート床版の劣化は、塩害と疲労が主因である。日本で塩害に対する指針ができたのが1984年で、高速道路に床版防水工を施すようになったのが1988年以降である。

ステンレスやアルミによる補強鋼材、あるいはエポキシ樹脂などの防錆被覆を施した鉄筋など、現在使える技術でもある程度対応可能である。

しかし、第3章で述べたような低炭素コンクリートを使用した場合、補強鋼材との組み合わせはまだ知見が少なく、これから研究を重ねていかなければならない。

加えて、最も重要なことは、鉄鋼やセメントがゼロカーボンを達成しても、供用段階での耐久性とCO_2排出の課題は依然として残り続ける、ということである。特に供用段階が長期にわたるインフラ構造物の場合は、材料の低炭素化、脱炭素化だけでは不十分なのである。

コンクリート構造物の超高耐久化のためには、超高耐久な補強材の使用が必須である。近年、炭素やアラミド、バサルトなどのＦＲ

図4-16 ● 超高耐久技術によるCO_2排出量の概念

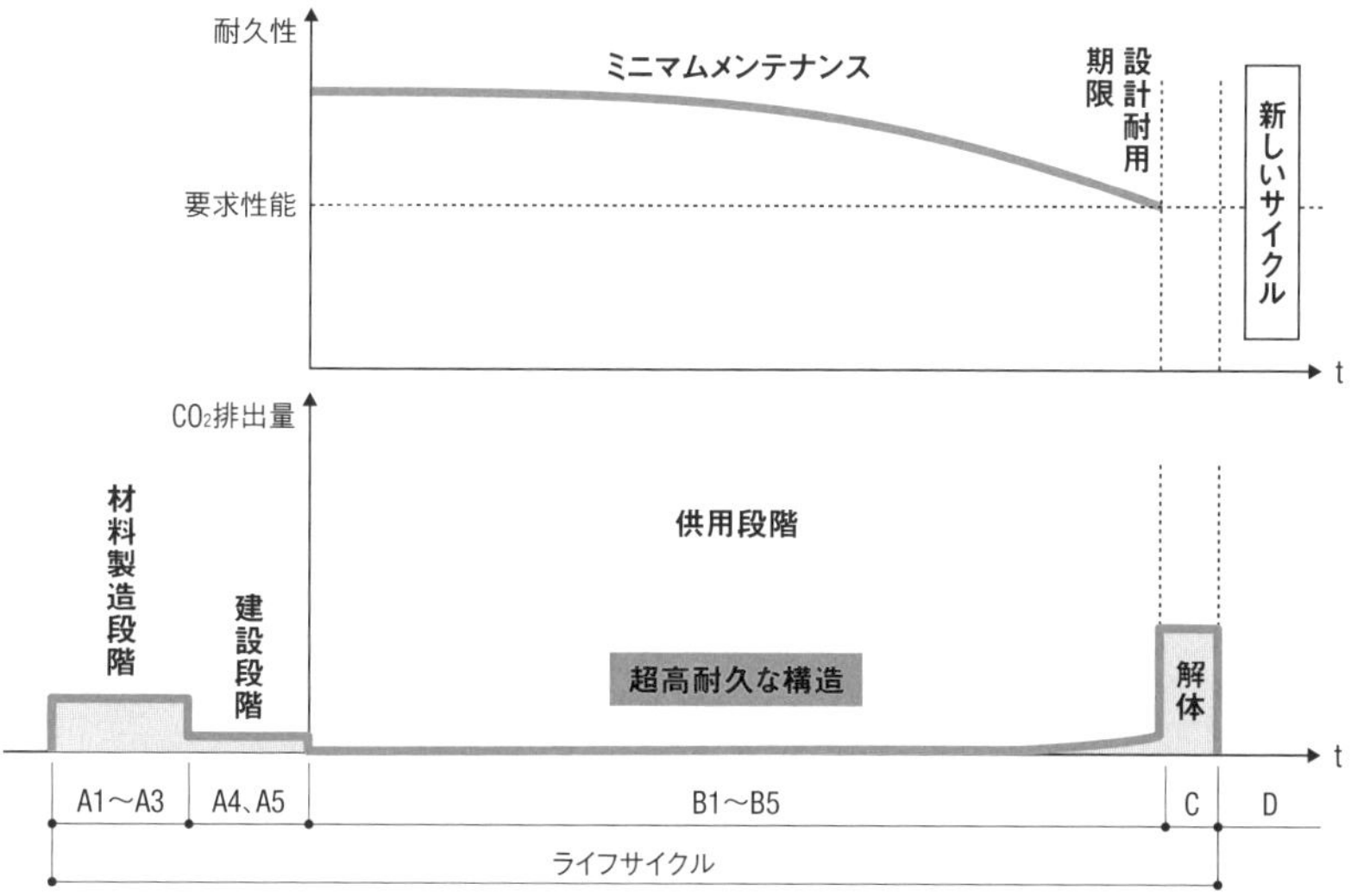

Ｐ（繊維強化プラスチック）を補強材に使用する例が増えてきている。２０２１年には、アラミドＦＲＰ緊張材を用いたノンメタル橋が高速道路橋として世界で初めて建設された[8]（図４－17）。また２０２２年には、現在全国で行われている高速道路の床版更新でも、鋼材を一切使わないノンメタル床版が施工された[9]（図４－18、４－19）。

　これらの材料は、構造コンクリートから劣化要因を完全に取り除くことができるとともに、補強材やプレストレッシング力を与える緊張材としても機能できる。高強度なゼロセメントコンクリートとアラミドＦＲＰ緊張材を組み合わせた構造物は第６章で詳しく解説するが、この最新技術は従来の技術と比べて、ＬＣＡで約80％のCO_2排出量を削減できる。

　世界初のノンメタル橋は、２０２２年にノルウェーのオスロで開催された *fib* コングレスで、ドイツの作品と一緒に特別賞を受賞した[10]。

図4-17 ● **世界初のノンメタル橋である別埜谷橋**（写真:三井住友建設）

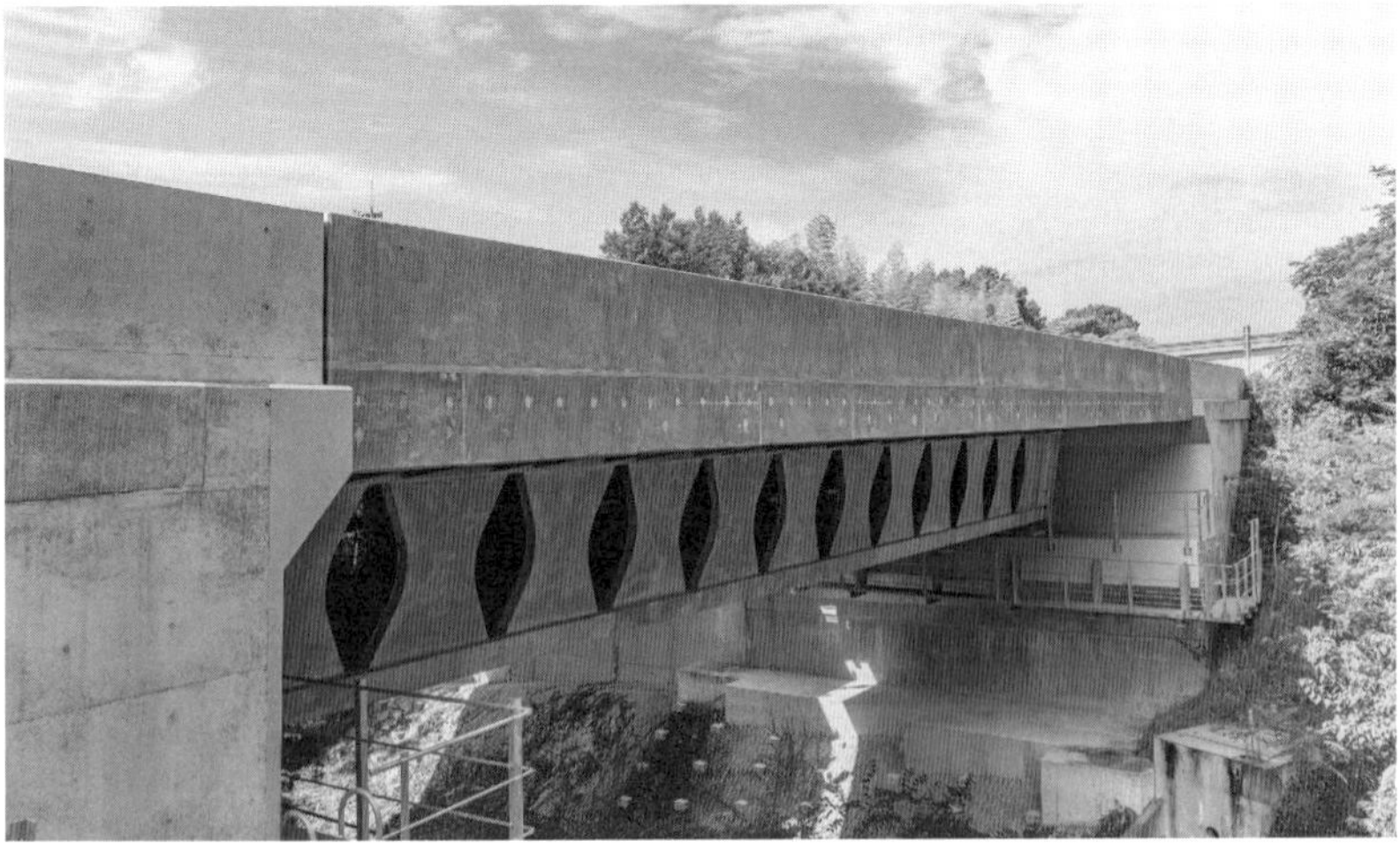

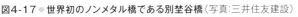

図4-18 ● 蓼野第二橋のノンメタル床版への取り替え（写真:三井住友建設）

図4-19 ● ノンメタル床板のコンセプト（出所:三井住友建設）

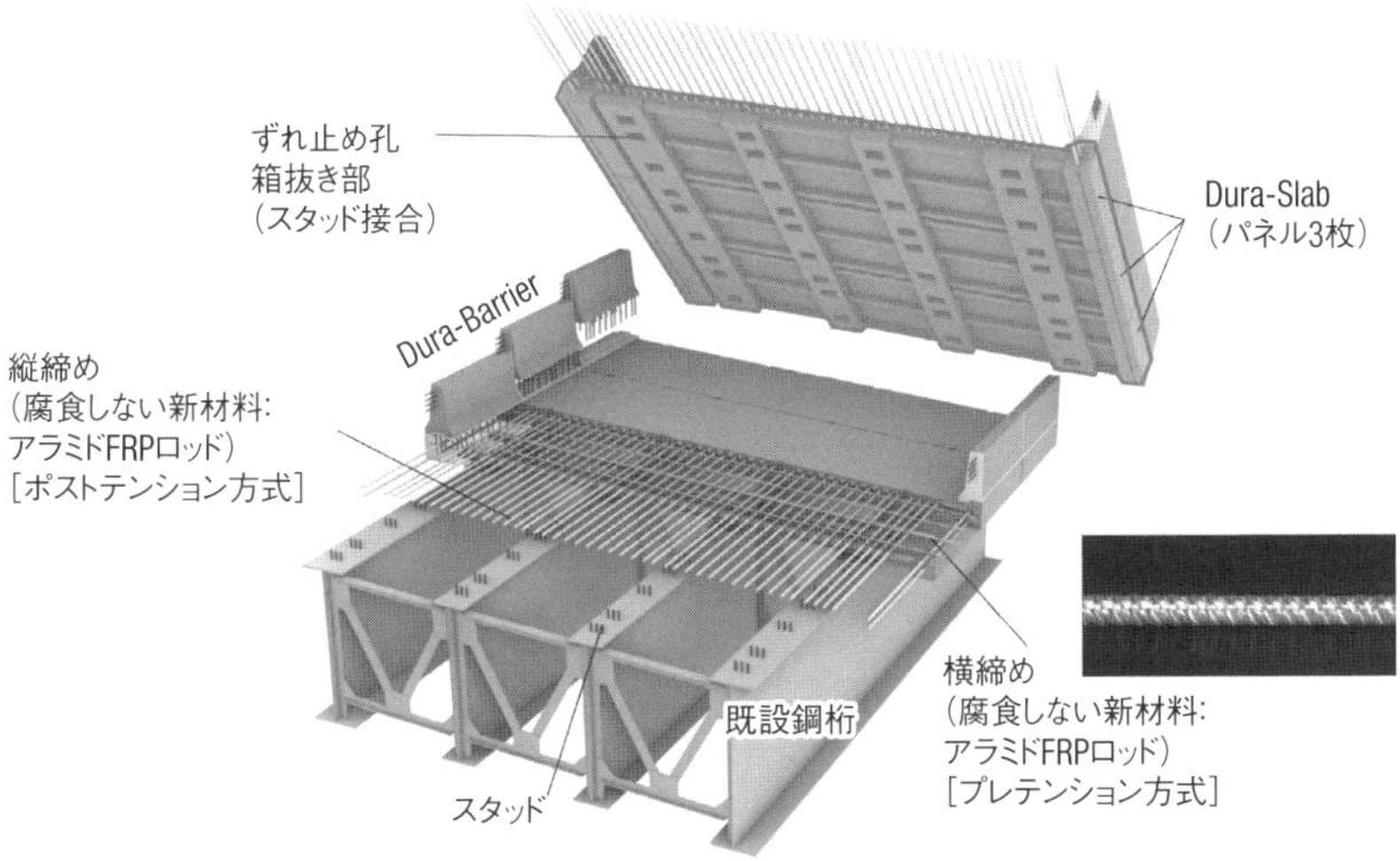

このドイツの作品は、ドレスデン工科大学とミュンヘン工科大学の協力で製作、実験が行われた、ドイツ博物館の中のノンメタル橋を模した展示品である。

補強材には炭素繊維を使ったＣＦＲＰが使われている（図４－20）。ＣＦＲＰは米国でも既に緊張材として基準化されており、世界的に見てもＣＦＲＰが新素材として主流である。その後、ドレスデン工科大学によりＣＦＲＰを使った２階建ての建物「ＣＵＢＥ」が実際に建設されている[11]。使用する材料を最大で80％減らし、CO_2排出量を50％削減できた。

日本のアラミドＦＲＰはアルカリ性に強いが、まだ海外展開には至っていない。ＦＲＰはこれから世界の潮流になっていくので、日本の戦略が問われることになる。

図4-20 ● ドイツのCarboLight Bridge
（写真:Ansgar Pudenz, Deutscher Zukunftspreis）

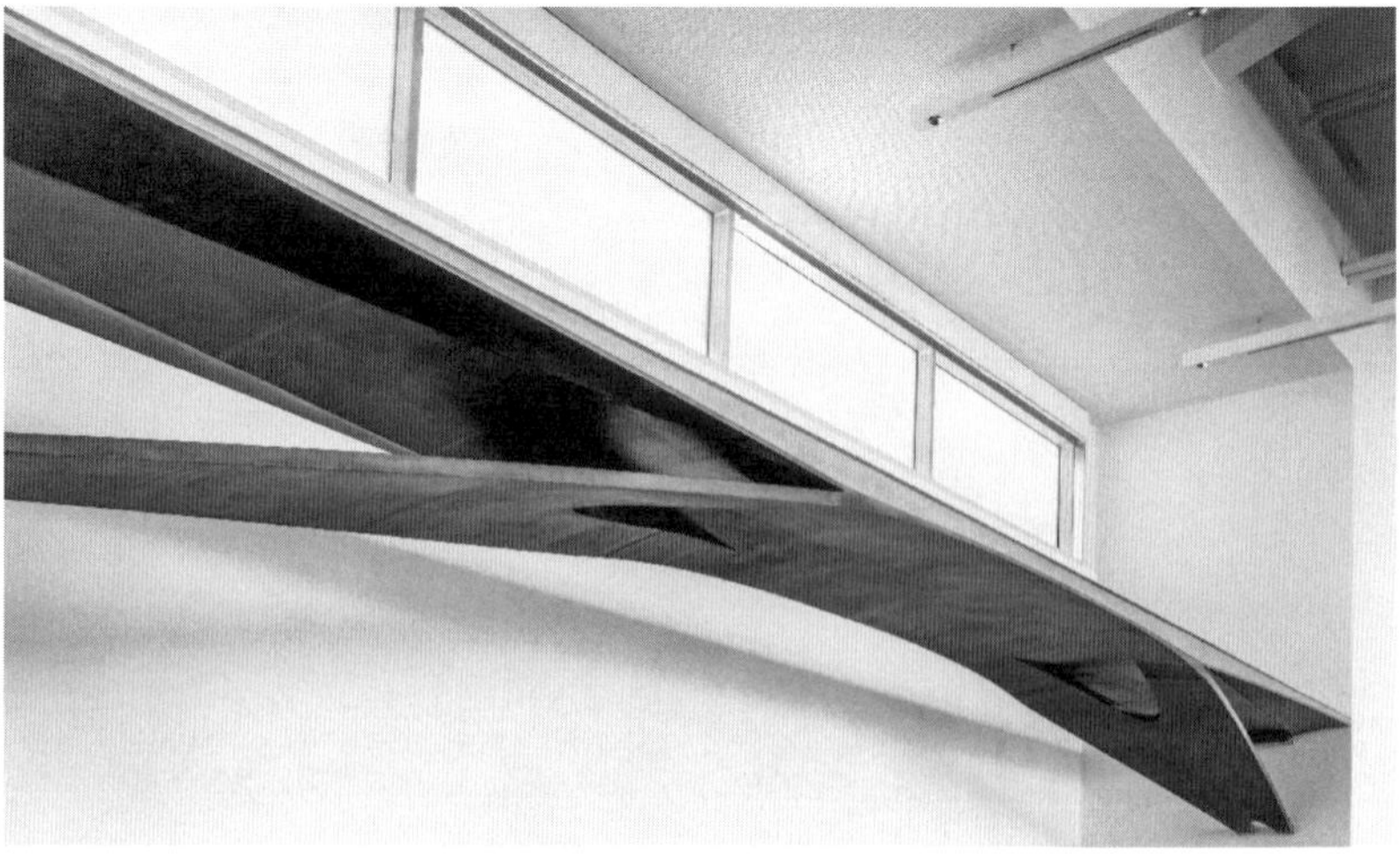

chapter 4-3

災害に対する強靱化

首都直下地震で16％のCO₂を排出

地震、洪水、火山噴火など、世界中で災害が多発している。特に気候変動が原因なのか、洪水はかなりの頻度で報道されている。災害は大きな経済損失を伴うばかりでなく、復興による建設とがれき処理に多量の〝余分〟なCO_2を排出する[12]。

２０１８年に土木学会は、想定される巨大災害による経済被害、資産被害、財政的被害の予測を発表した[13]。例えば、今後30年の間に発生する確率が70％と言われている首都直下地震では、経済被害が７３１兆円、資産被害が47兆円、財政的被害が77兆円と予測している。

このデータを基に、首都直下型地震の被害によるCO₂排出量を試算してみた。復興によるコスト（47兆円）が資産被害と同等と仮定すると、今まで用いてきた指標の４００tCO₂／億円を掛けて、１・９億tCO₂の排出量となる。災害のがれき処理によるCO₂排出量[14]は大まかな試算で６５０万tCO₂。復興によるコストの数パーセントである。この１・９億tCO₂は、日本が１年間に排出するCO₂の16％に相当し、５年で復興すれば毎年３％余分にCO₂を排出することになる。

土木学会は首都直下地震に対して、インフラの耐震化で10兆円以上をかければ被害を34％まで減災できることも示した（図４－21）。つまり、強靱化によりCO_2排出量も同じレベルだけ減らせると考えられる。

なお、土木学会は２０１８年の発表に新しい知見を加えた「国土強靱化定量的脆弱性評価・報告書」の中間取りまとめを２０２４年３月に発表した(15)。経済被害が７３１兆円から９５４兆円に、財政的被害が77兆円から累積で３８９兆円にそれぞれ増えている。

災害は供用段階でのイベントである。従って、インフラの強靱化によるCO_2排出量削減は事業者、つまり国交省や自治体のスコープ１、２といえる。しかし、日本は財政のプライマリーバランスを目指していて、土木学会が指摘した巨大災害に対する強靱化予算が十分に配分されていない状況が続いている。

土木技術者は国難ともいえる巨大災害が来ることが分かっていても、何も打つ手がなく、ただ、この状況を座視するだけなのか――。長い間、著者の最大の課題だったが、ようやく民間資金を防災事業に投入する研究を大学と実施し、その可能性を見いだした。防災ＳＩＢ（Social Impact Bond）である。ＳＩＢとは民間

図4-21 ● 首都直下地震による経済損失と強靱化による損失回避
（出所：文献(13)を基に筆者が試算）

＊経済被害と財政的被害は20年間の累計

経済被害	資産被害	財政的被害	強靱化費用	減災額	税収縮小回避額
731兆円	47兆円	77兆円	10兆円以上	247兆円（34％）	26兆円

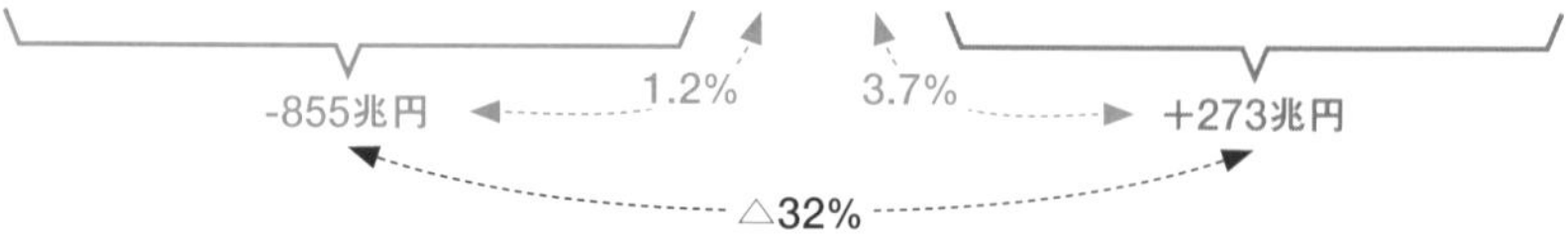

からの外部資金調達を伴う成果連動型民間委託契約を指す。これについては後で説明する。

また、経済産業省は経済産業政策の新機軸として、災害に対するレジリエンス社会実現のための市場創出と国際展開支援を目的として、２０３０年までに災害リスク対策、適応分野での解決策をビジネスとして推進する方向性を示した[16]。つまり国のＧＸ（グリーントランスフォーメーション）推進戦略のメニューとして進めていく方針なのである。さらに、企業と大学が共同で、防災により削減されたCO_2排出量を金融商品化することを目的としたコンソーシアムを立ち上げた[17]。

このように、今まで災害が起こった後に議論されてきた強靭化や防災は、プロアクティブに対応できる新市場として注目されているのである。残念なのは、土木から離れた分野がその価値に気づき始めたということである。

ESG投資に対応した民間資金活用策

chapter 4-4

45兆円の巨大市場

第2章で試算したように、建設全体の構造コンクリートは現在世界が年間排出するCO_2の14%に相当する45億tCO_2レベルを、排出していると考えられる。45億tCO_2/年にカーボンクレジットを意味する1万円/tCO_2を掛けて、現時点で45兆円/年となる。全世界で、である。

エネルギー由来によるCO_2排出量が多くを占めるとはいえ、世の中のカーボンニュートラルに向けた動きが既に始まっていることを考えると、これをコストと見るか、価値と見るかによって我々のアクションは大きく違ってくる。構造コンクリートにおけるカーボンニュートラルへの技術は、主に我々のイノベーションに負うところが大きい。つまり我々にとってリスクではなく、巨大な市場が生まれるチャンスなのである。

削減されるCO_2に価値が付与されるということは、低炭素技術や脱炭素技術にきちんと対価が払われ、その新領域の技術に投資が集まることを意味する。盛んに新聞に取り上げられているESG（環境・社会・企業統治）投資は、グリーンウオッシュ（見せかけの環境配慮）のない価値のある技術にますます向かっていく⒅。環境的側面はもちろんのこと、社会的側面、経済的側面にも配慮した課題解決が求められる。

これから、先進国の高齢化と人口減少、グローバルサウスの人口増加、食糧問題、気候変動による住まい方の変化、空飛ぶ車の普及など、社会を大きく変える未経験のパラダイムシフトが起こる。構造コンクリートに携わる私たちは、様々な異分野の人たちと協業して、投資が人類の繁栄にきちんと貢献するようなイノベーションを目指さなければならない。そして、これは毎年世界のCO_2の14％を排出している、構造コンクリートの建設セクターの責務である。

まず、先に述べた強靱化のための民間資金活用策について述べる。供用段階のイベントである災害は、強靱化を図ることで災害による経済損失を低減できることが分かっていたが、その財源をどうするかについては議論が進んでいなかった。

しかし、日本のように災害による経済損失が巨大で、それに比べると小さな強靱化のコストで大きな損失回避が可能になる場合は、民間資金を投入しても十分なメリットがあることが、京都大学と筆者の共同研究で判明した⒆。

さらには、図4－22、4－23に概念を示すように、強靱化によって復興によるCO_2排出量を低減できることも分かってきた。図4－24は、防災ＰＦＳ（Pay for Success：成果連動型民間委託契約）のスキームである⒆。ＰＦＳとは、民間事業者の提供するサービスが所定の「成果」を挙げた場合に、それに対応するサービス料を政府が支払うというものである。この仕組みで鍵となるのは、第三者評価機関による減災効果の評価、報告である。

図4-22 ● 強靱化をしない場合の災害によるCO_2排出量の概念

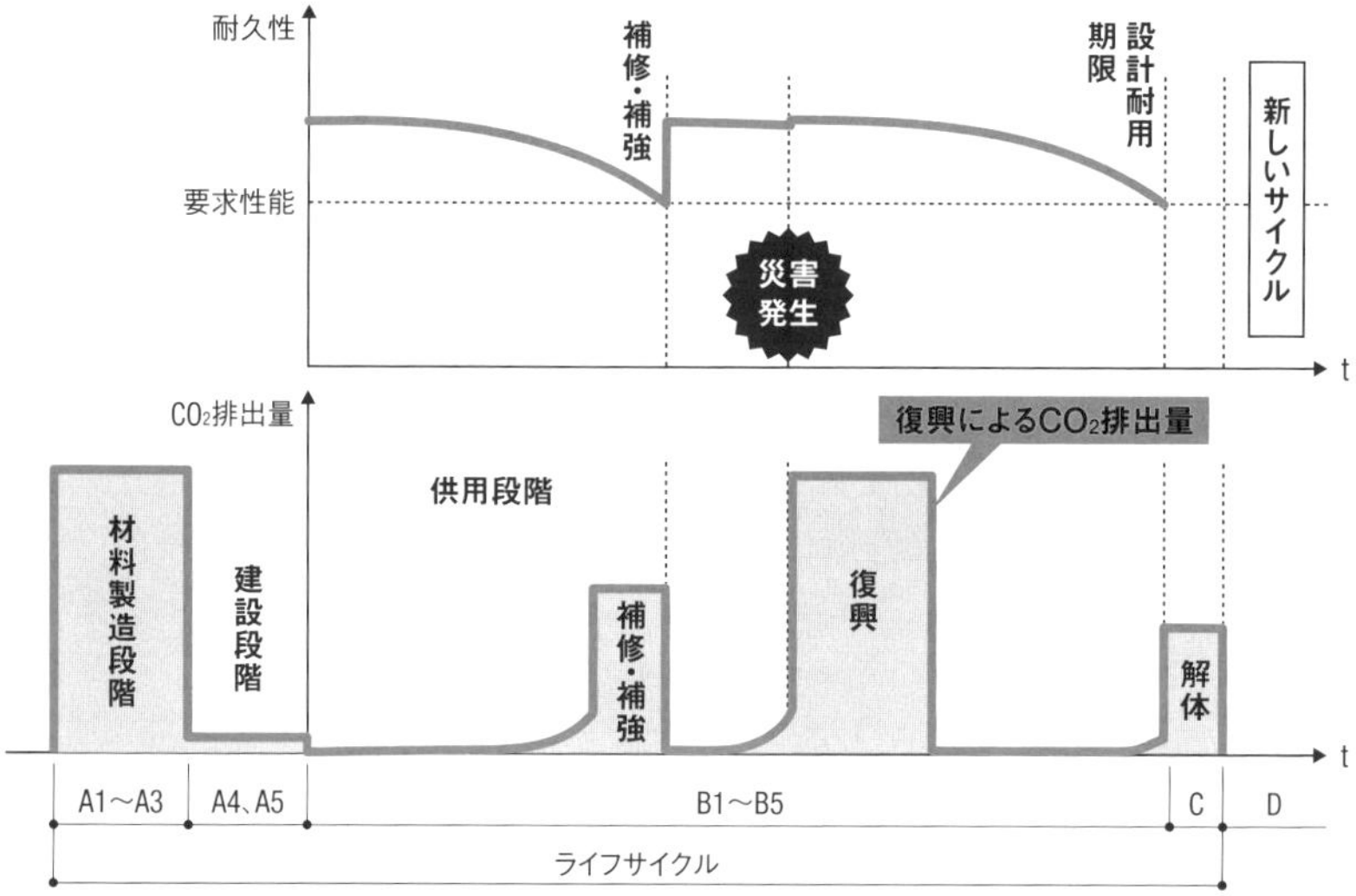

図4-23 ● 強靱化による災害時のCO_2排出量の低減

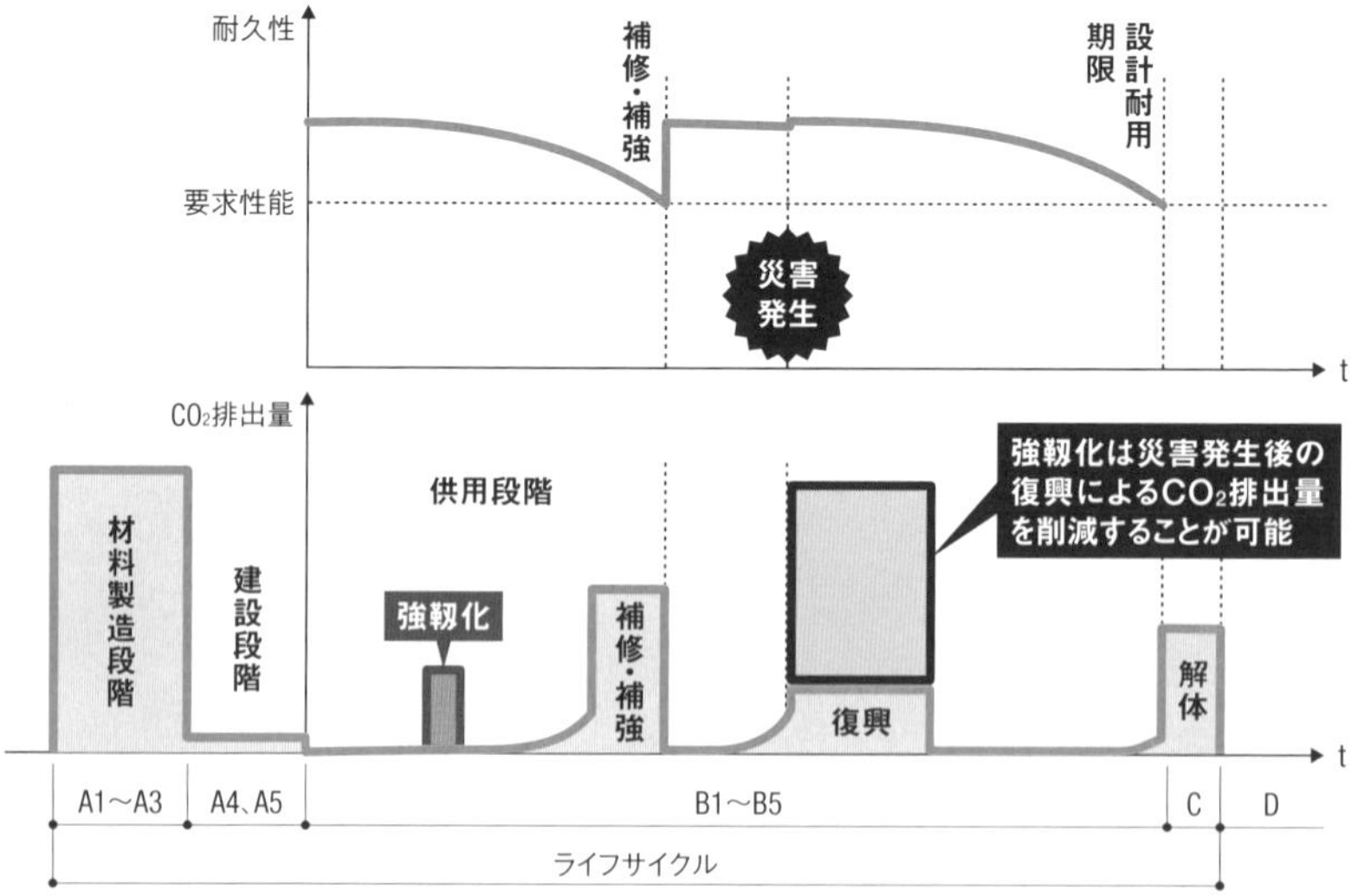

この仕組みを使って、既に静岡県伊豆の国市に建設されている狩野川放水路の整備事業について検証が行われた[20]。この事業についてはデータを公開しており、インフラ整備コストが３００億円、予想ストック被害が７４００億円である。災害再現期間を１００年とすると、事前支払い率０％の場合で、成果連動報酬率が２・６％から34・４％の間で政府と民間両者にメリットのある領域が存在すると分かった（図4－25）。

ちなみに、この検証には強靱化によるCO_2排出量の削減が含まれていないので大まかに試算してみる。復興費用がストック被害と同じとすると、復興により排出されるCO_2の量は、７４００億円×４００tCO_2／億円＝約３００万tCO_2である。カーボンクレジットを1万円としたらその価値は３００億円、つまり強靱化のコストと同じになる。

強靱化事業にこれまでの税金ではなく民間資金を活用する場合、経済損失とCO_2削減量のクレジットをどう組み合わせるかというスキームが重要である。

図4-24 ● 防災PFSのスキーム（出所：文献⒅を基に筆者が作成）

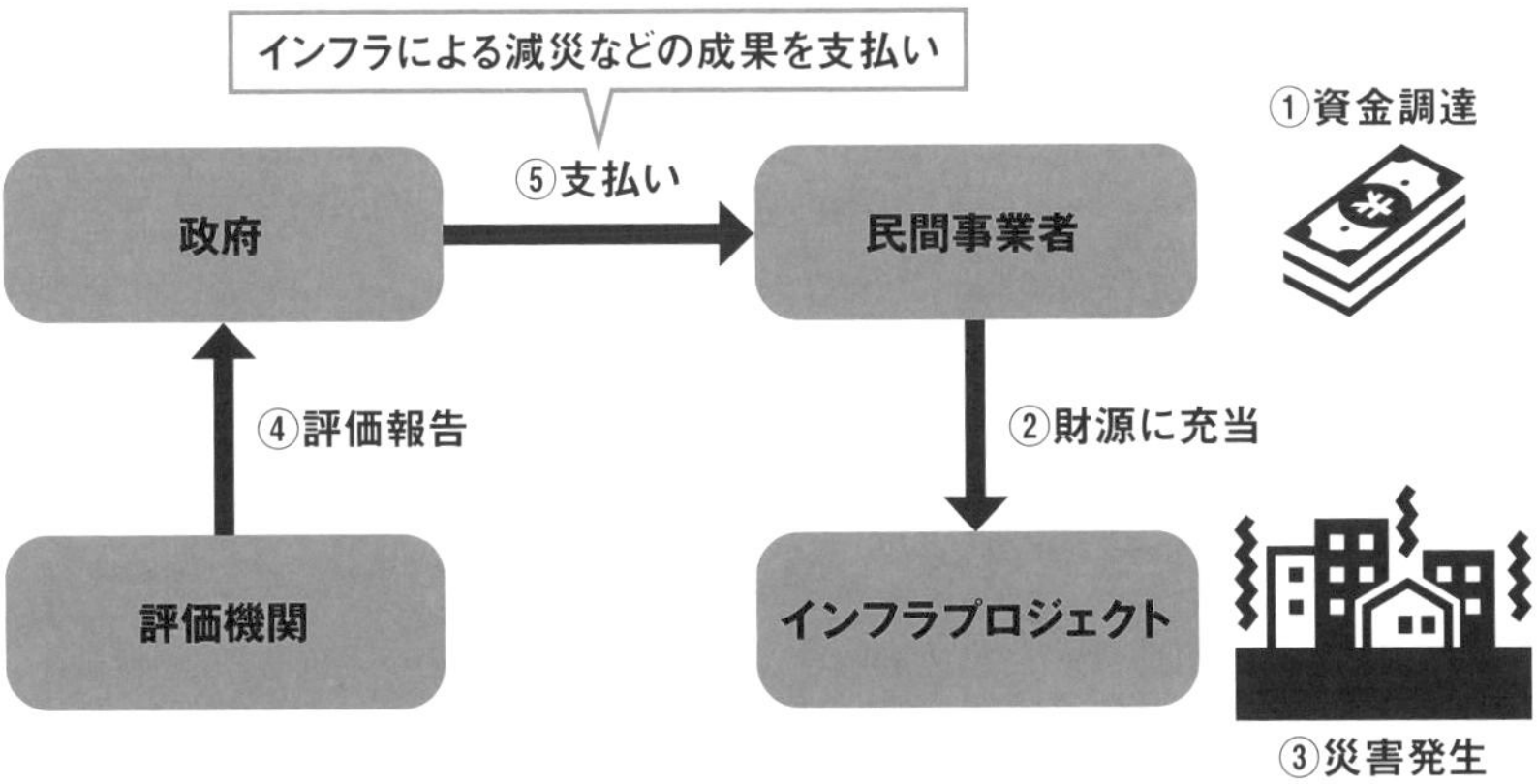

そして、これらの結果を受けて、金融の専門家を交えた議論の場で、このスキームを社会実装する場合の課題とその解決法を探り、提言という形にまとめられた(21)。同時に、CO_2排出量の低減も伴うことから、ESG投資としての可能性も併せて提言に組み込まれている。

投資家へのリターンは、いろいろなアイデアが出たが、基本は防災によって利益を享受するステークホルダー、つまり国、自治体、関連企業、住民が支払うという点は意見が一致した。ただ、災害はその再現期間が長期にわたるため、事前に一部の支払いを受ける仕組みが必要である。そして、このスキームを世界にまだ存在しない「防災SIB」として定義したのである。

これまでサステナブルファイナンス(22)

図4-25 ● 狩野川放水路における試算（出所：文献(20)を基に筆者が作成）

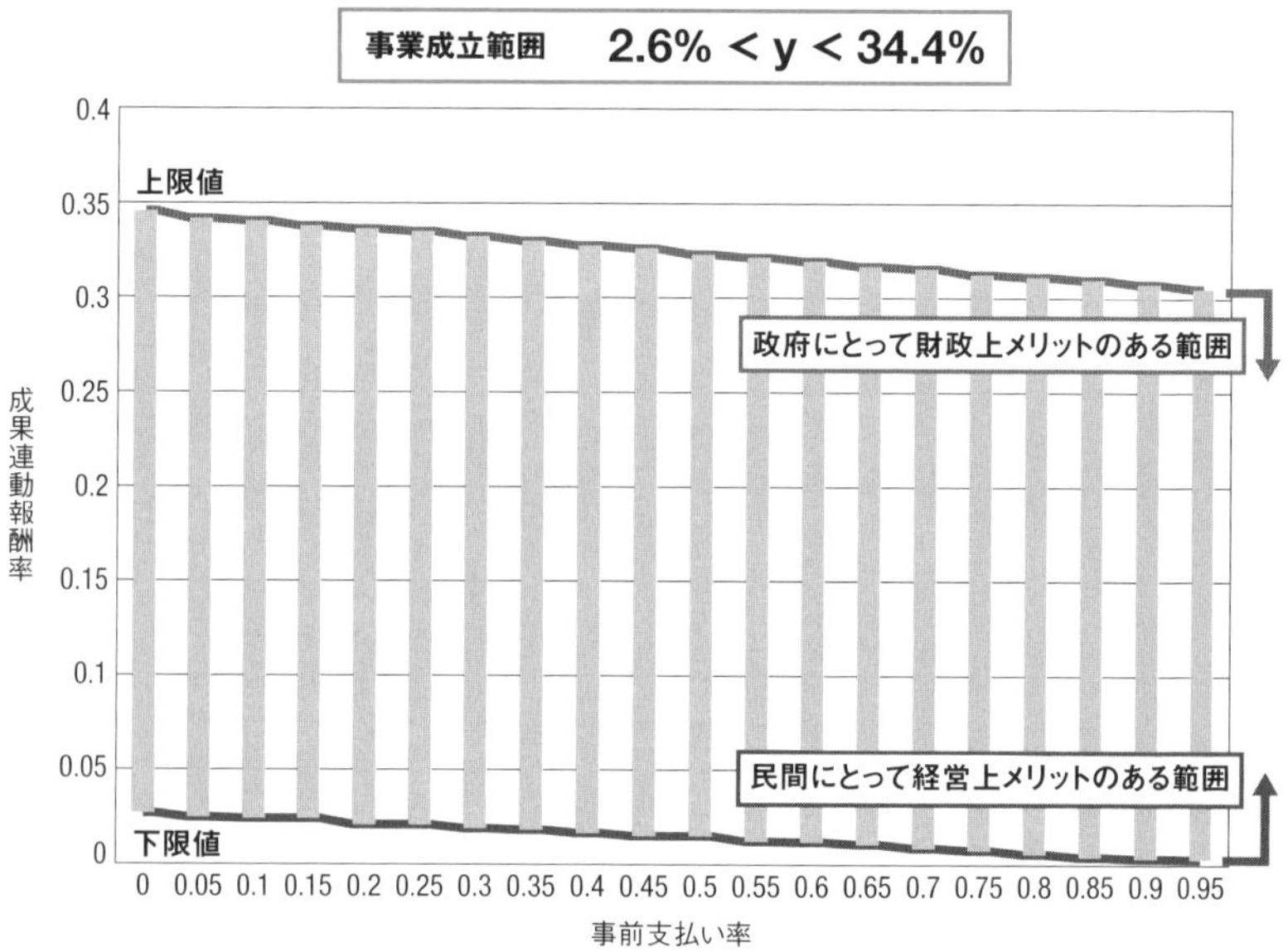

(23)としては、太陽光発電への出資のように緩和策（mitigation）に関するものは存在するが、災害対応などの適応策（adaptation）に関するものは、リターンのスキームが難しいということで手を付けられなかった(22)。その意味でも、このスキームは日本だけでなく災害の多い国々に適用すべく、世界に展開できる可能性を持った日本発の取り組みであると考える。これは、日本のGX推進戦略に則したサステナブルファイナンスなのである。

CO_2排出量を予測するツール作成

これ以外の動きも紹介しておく。1つが環境金融研究機構による、アダプテーション（適応）ファイナンス・ガイダンスである(24)。課題であった適応策へのファイナンスを実施するための課題と方策を解説したものである。今後はこれを基に、具体的なファイナンスのスキームを組み立てていく必要がある。

もう1つが、NECと慶応大学による「潜在カーボンクレジット」の創生である（図4－26）(16)。防災による将来のCO_2排出量と抑制量を金融商品化し防災への投資を促すという試みで、防災の経済損失回避は対象としていない。

防災SIBのような適応策のサステナブルファイナンスの鍵となる技術が、経済損失やCO_2排出量のシミュレーションである。シミュレーション結果は、民間の出資者が成果連動報酬率を計算する時や、第三者による評価の時に必要な情報である。そして、これをいかに精緻にシミュレートするかが求められる。

東京大学地震研究所との共同研究で、災害時の日本全体の経済損失シミュレーションに加え、CO_2排出量をも予測するツールを作成した（図4－27）[25]。このツールは各国の経済モデルを組み入れたら、世界中どこでも使える。計算にはスーパーコンピューターの使用が必須であるが、これからは、このような精緻なシミュレーションによる予測が広く社会に適用される時代になる。

そして、災害時だけでなく、インフラの新設による経済効果を予測し、経済発展によるリターンを約束することで、ＰＰＰ（官民連携）やＰＦＩ（民間資金を活用した社会資本整備）のリスクを大幅に減らすことができる。もちろん、この時に新設されるインフラは、ＥＳＧ投資となるために低炭素、脱炭素技術を使ったものでなければならない。

図4-26 ● **潜在カーボンクレジットの考え方文献**（出所:NEC）

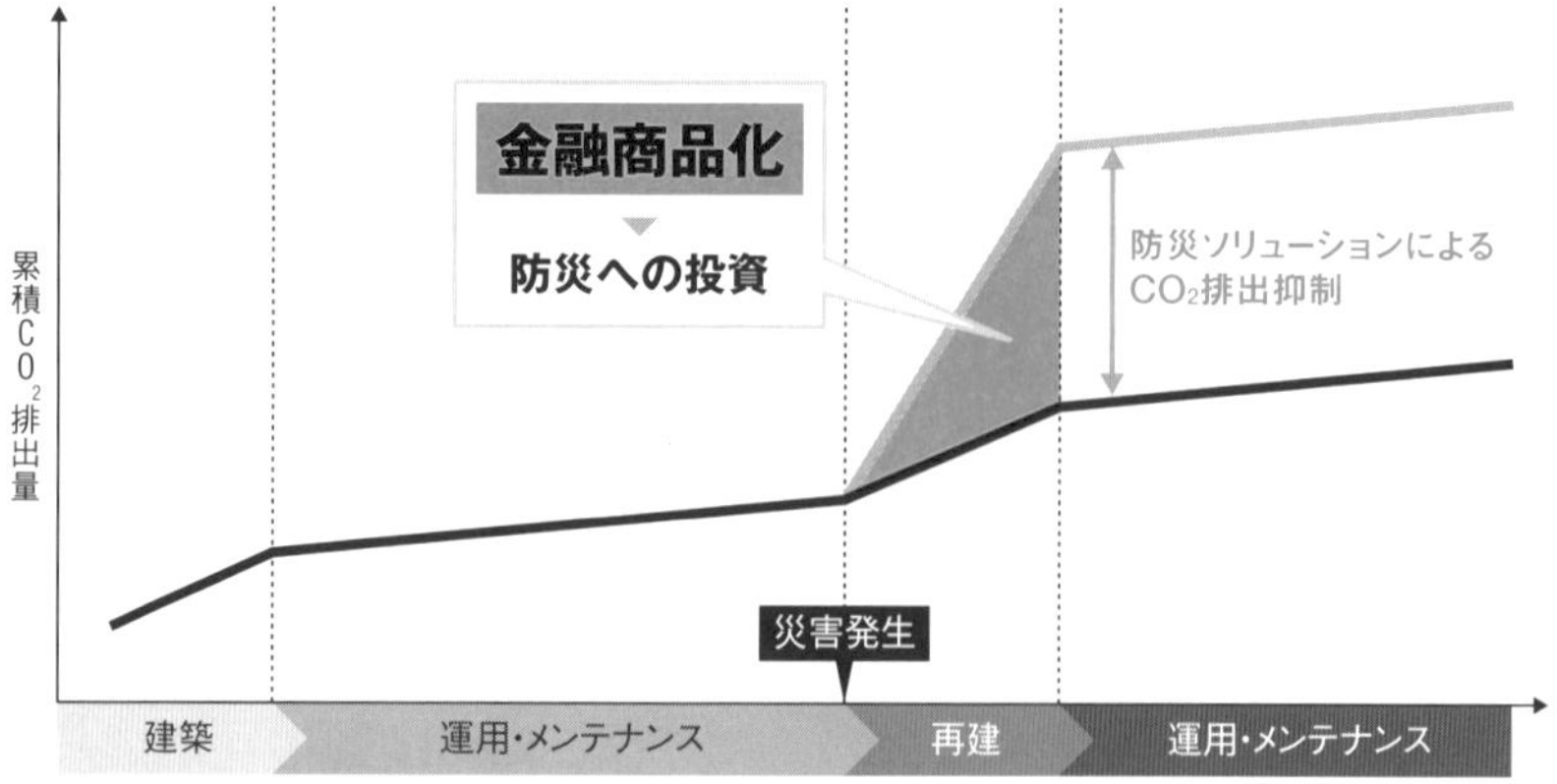

図4-27 ● マクロ経済シミュレーターのモデル（出所：三井住友建設）

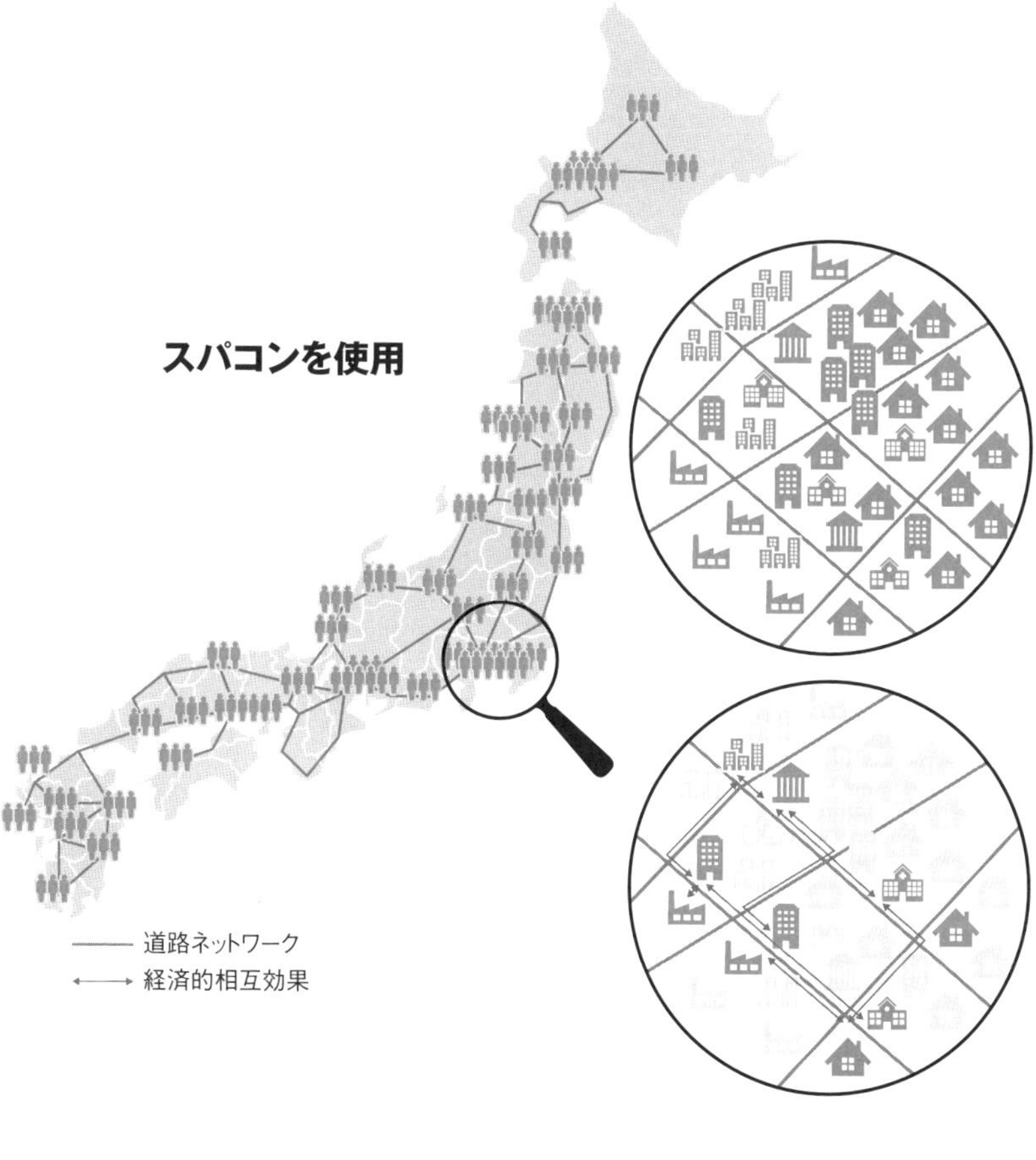

chapter 4-5

コンクリートによるCO_2吸収

中性化をポジティブな要因に

もう1つ必要な技術に言及する。それはコンクリートのCO_2吸収量を定量的に評価する技術である。CO_2吸収量はコンクリートの配合や建設される環境によって異なるので、それらを的確にシミュレーションできるツールが求められる。これまでコンクリートにとって劣化というネガティブな要因だった中性化を、これからはポジティブな要因としてカーボンニュートラルに貢献できるアドバンテージに変えていくことになる。

世界的にはセメント業界において、コンクリートのCO_2吸収量をあらかじめカウントして、CCS（CO_2の回収・貯留）の量を減らそうという動きがある。気候変動に関する政府間パネル（IPCC）は2021年、セメント炭酸化がCO_2吸収につながることを認めた[26]。

ここで注意したいのは、コンクリートがどのような環境に置かれ、どういった構造物に使われるのかによって、そのCO_2吸収量は変わるという点だ。セメントのメーカーとユーザーの対話が必要なのに加えて、CO_2吸収量のシミュレーションツールが不可欠となる。コンクリートによるCO_2吸収は今後様々な方面からの議論が必要である。そして、グリーンウオッシュを生まないためにも、これまでの研究の経緯を少し詳細に述べる。

コンクリートのCO_2吸収に関する研究は、2000年に入ってから Gajda によって本格的に実施された[27]。全米の1000以上のコンクリートデータを分析したところ、コンクリートは建設後の1年間で27万4000トンのCO_2を大気中から吸収。100年間で290万6000トンのCO_2を吸収することが明らかになった。このことから、過去50年に米国で打設された全てのコンクリートは、約6920万トンの大気中のCO_2を吸収したと推定した。

2005年には、北欧イノベーションセンターがコンクリートのライフサイクルにおけるCO_2の取り込みという包括プロジェクトを実施[28]。CO_2吸収量はコンクリートの種類、用途、コンクリートガラの発生率、リサイクル率に依存することを示した。2006年には、解体後に破砕したコンクリートに着目した研究成果が出た。良好なリサイクルの慣行がある国では、100年後にコンクリートの86%が炭酸化し、セメントの焼成工程で排出されるCO_2の57%が回収されるという内容だ[29]。北欧諸国のコンクリートガラは年間60万～120万トンで、リサイクル率は30～90%であると報告されている[30]。

Xiらは2016年に、耐用年数、解体、二次的なコンクリート廃棄物の再利用を考慮し、1930年から2013年までのセメント材料によるCO_2の推定吸収量を割り出した[31]。この研究はセメント材料のCO_2吸収量は、1998年の0.1GtCO_2/年から2013年には0.25GtCO_2/年に増加。累計4.5GtCO_2が吸収されたことになると報告している。これは、セメント生産時に排出されるCO_2の43%が相殺されたことを意味する。他にもこのような

ＣＯ$_2$吸収に関する基礎的な研究はいくつか存在する[32]〜[35]。

セメント炭酸化がＣＯ$_2$吸収で承認

ＩＰＣＣは、２００６年の「温室効果ガスインベントリのためのＩＰＣＣガイドライン」で、セメントの炭酸化をＣＯ$_2$吸収源として考慮しなかったので、２０２１年以前のポルトランドセメントによるＣＯ$_2$排出量を過大評価している[36]。インベントリで炭酸化を受け入れていない主な理由の１つは、排出係数データベース（Emission Factor Database、ＥＦＤＢ）の計算基準である。ＣＯ$_2$の吸収は暴露やかぶり、空隙率、含水率、セメントの種類、添加剤などの要因の下で長年にわたって起こる。ただし提出されたデータはセメントの寿命に関するＣＯ$_2$吸収量だけを対象としていたので、ＥＦＤＢに含めるには適さないと判断された。

しかし２０２１年の第六次評価報告書では、セメントの炭酸化がＣＯ$_2$吸収につながることを初めて承認した。セメント生産に関連するＣＯ$_2$排出量の約半分が、グローバルカーボンバジェット（排出してもよい温暖化ガスの上限量）に基づいてセメントの炭酸化によって相殺されることを認めたのである[37][38]。

しかし別の見方もある。ドイツのカールスルーエ工科大学の研究[39]によれば、コンクリートの炭酸化に関する方法論とデータベースは試験が不十分であること、炭酸化と建築年代との間に信頼できる相関関係がないこと、実環境への移行に関するモデルが不十分であることから、問題があると報告している。

また、セメントの炭酸化は長い時間スケールでは可能性があるが、セメント製造が気候変動に与える時間的な影響は変わらないとも述べている。つまり、CO_2の固定化は時間の経過とともに起こるものであり、過去と将来の処理に因果関係はないのである。

そしてもう1つの懸念は、新しいタイプのセメント、高性能コンクリート、混和剤が考慮されていないことだ。現在のコンクリートは過去よりも緻密で炭酸化傾向が低いことが示唆されている。コンクリートの耐用年数が経過後、粉砕されたコンクリートの炭酸化が加速するので、さらなる炭酸化によるCO_2の吸収は二次利用に依存する。従って、セメントやコンクリートの製造時にCO_2の吸収を想定した場合、ダブルカウントのリスクが存在するのだ。

結局、カールスルーエ工科大学の研究報告書では、現在の値を自然風化の平均値として証明することに課題があるため、コンクリートの炭酸化をグローバルカーボンバランスに含めないことを推奨した。

近年、コンクリートのカーボンフットプリントを削減する方法の研究も盛んに行われるようになった。カルシウムやマグネシウムを多く含む建設資材のアルカリ性固形廃棄物を、CO_2を吸収する媒体として利用する方法や(40)、炭酸カルシウムを豊富に含むセメント系材料を添加する方法(41)、微生物によって誘導された炭酸カルシウムを使用する方法などだ(42)。

また、コンクリートに炭酸化養生を施す方法として、加圧炭酸化養生(43)や低圧炭酸化養生(44)によるCO_2の永久的な取り込みは、少ないセメント量で必要な強度を達成できるなど優れた特性をもたらすことが分かっている。コンクリートのCO_2吸収能力を高める研究として、重曹（$NaHCO_3$）がコンクリート中のCO_2吸収量を15％増加させる研究や[45]、炭酸化硬化における炭酸化反応を促進するLixiviant種と名付けられた添加剤の研究[46]などがある。

セメント業界にとって、現状ではCCSがCO_2排出量を削減する唯一の方法だが、その実行性と成果はいまだ不明確である。そして、副産物である多くの代替セメントはそのほとんどが供給量に限界があるため、現状ではセメントを完全に代替することは不可能である。

地球が本来持っているCO_2を吸収する仕組みには、森林などの植物によるものと海洋によるものがある。それぞれ年間に吸収するCO_2の量は、約100億トン、約50億トンと言われており、「グリーンカーボン」、「ブルーカーボン」と呼ばれている。そして、コンクリートが吸収すると推定される約10億トンのCO_2を「ホワイトカーボン」[47]と名付けて、CO_2吸収源としてのコンクリートのポテンシャルを認識して、その重要性を見直そうという動きがある（図4－28）。

もちろん、セメントコンクリートのCO_2吸収能力を考慮するだけでは、カーボンニュートラルは達成できない。低炭素セメントを使用する、セメントの全部または一部を副産物などの代替セメント材料に置き換える、コンクリートへのCO_2取り込み促進材を使用する、コンクリートの炭酸化を促進する養生を行う――このような様々な方法を使ってカーボンニュートラルを目指していかなければならない。

コンクリートの供用期間中は構造物の形や材料の特性、そして置かれる環境が特定できる。シミュレーションツールがあることが前提とはなるが、建築物のようにCO_2吸収量を竣工時にまとめて、あるいは毎年計上することがある程度可能であろう。しかし、供用期間後は、解体の処理方法が確定しないことが普通なので、解体に伴うCO_2吸収量はその時に改めて計上することが望ましい。

　吸収量の計上の仕方は、既に述べたように、排出されるCO_2と吸収されるCO_2の時間スケールがあまりにも違い過ぎ、現在進行中の気候変動対策には効果がないため、今後の十分な議論が望まれる。

図4-28 ● ホワイトカーボンによるCCUSのイメージ（出所：文献(47)）

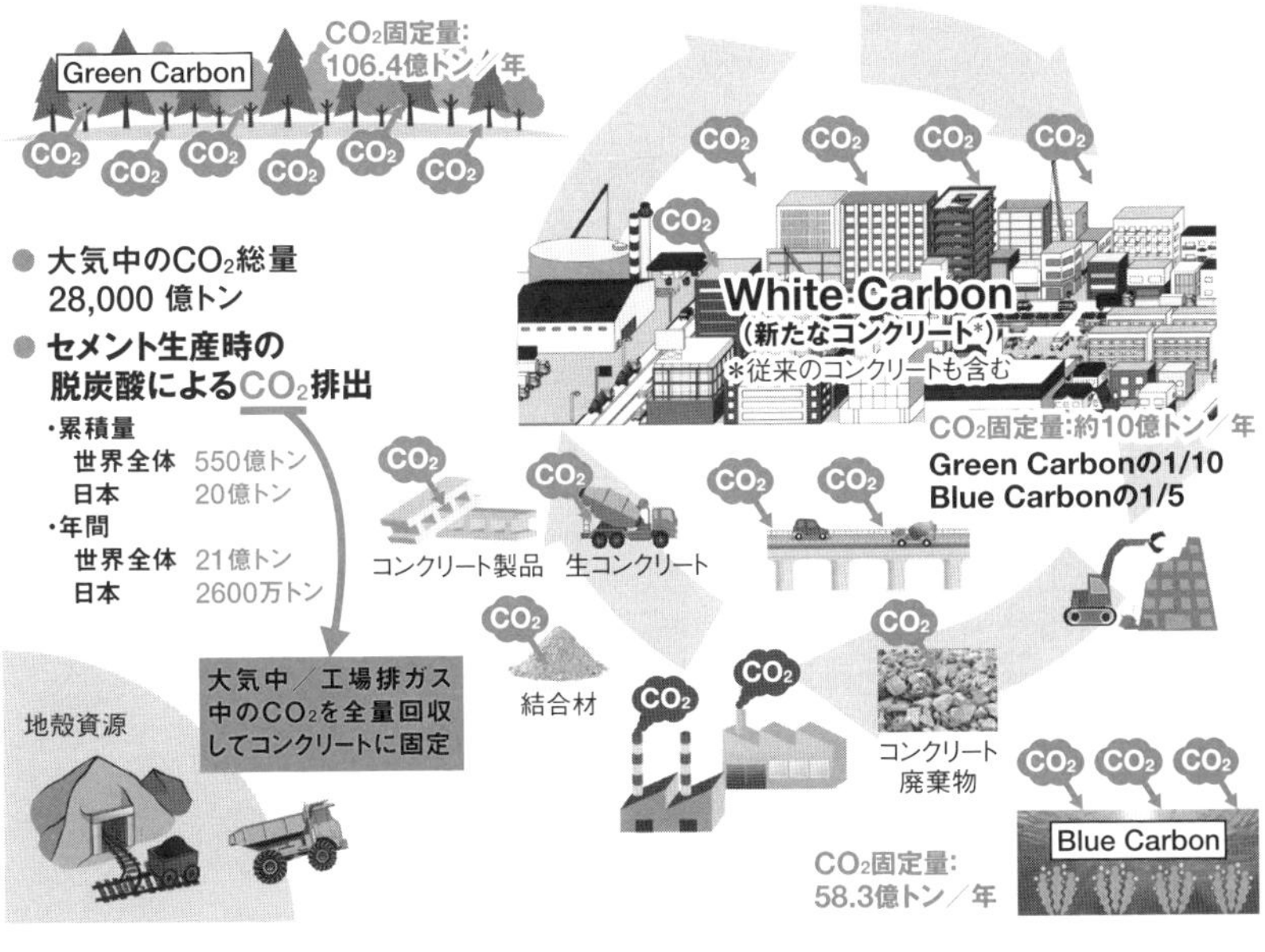

Linn Cove高架橋の森林伐採による罰金の再評価

米国のノースカロライナ州にあるLinn Cove高架橋は、1983年に完成した。この高架橋は国立公園内に建設されたため、工事中における周辺の森林保護に対して厳しい制約があった。通常はこのような山岳地帯の橋梁施工においては、桟橋による工事用道路を建設するが、工事によって木を1本伐採するごとに1000ドルのペナルティーが科せられるため、設計者は橋脚と主桁をすべてプレキャスト製品にして、橋面上から施工する特殊な工法を選択した（**図1**）。ここでは、この事例が現在のサステナビリティという観点から評価したらどうなるかを述べる。

同じような橋を日本で建設したと仮定すると（**図2**）、1径間当たりの橋の工費は以下のようになる。

幅員12m × 径間長28m × 橋面積当たりの施工単価200千円／㎡ ＝ 約0.7億円

通常の技術による排出量は400tCO_2／億円を掛けて、280tCO_2である。そして、LCA（製造段階と建設段階）は2倍の560tCO_2とする。1径間当たりの工事用道路（仮

図1 ● Linn Cove高架橋の施工風景（写真:Egis Structures et Environnement）

図2 ● 試算の橋梁条件

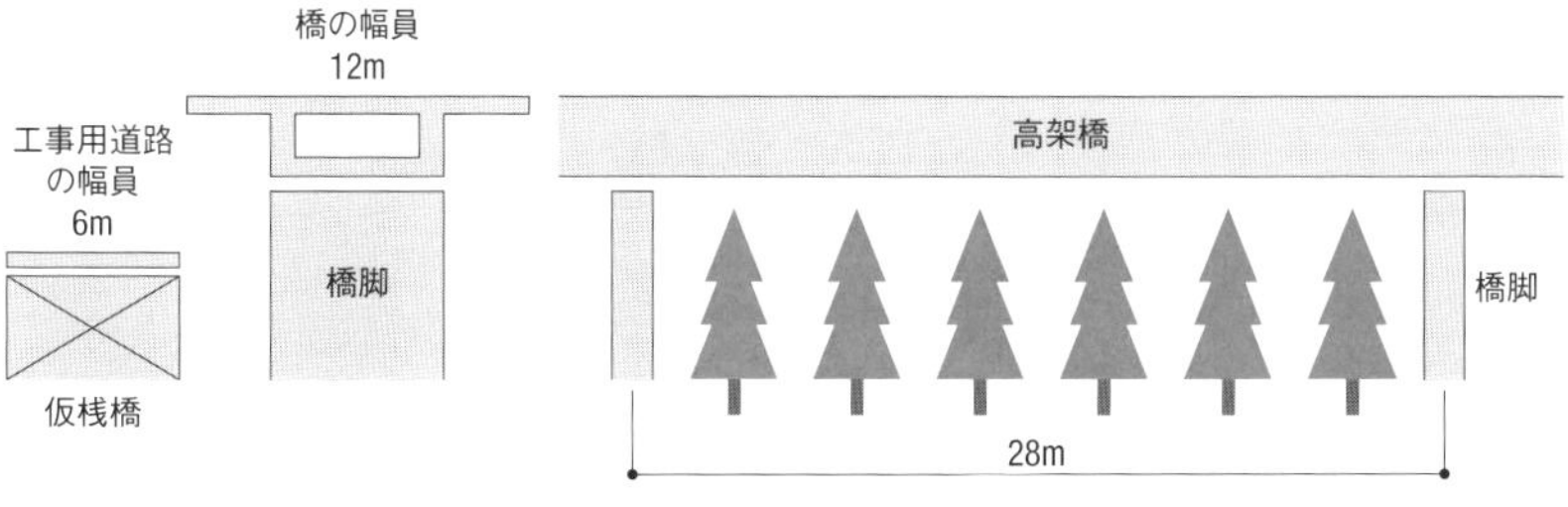

桟橋）の工費は、

幅員6m × 径間長28m × 橋面積辺りの施工単価100千円／㎡ ＝ 約0・2億円

これに400tCO_2／億円を掛けて、工事用道路のCO_2排出量は80tCO_2である（製作段階A1〜A3）。

なお、橋面上から施工する特殊工法の1径間当たりの工費は、従来工法による橋梁と工事用道路を足し合わせたものと同等と仮定する。従って、特殊工法によるCO_2排出量は、

560tCO_2 ＋ 80tCO_2 ＝ 640tCO_2

である。一方、特殊な工法の場合は木を切らないので、残された木（杉と仮定）が1年間に吸収するCO_2の量を計算する。杉が3m間隔で植えられているとして、

（28÷3）×（（12＋6）÷3）＝ 56本

杉70本が1年間に吸収するCO_2が1tなので、これらの木が吸収するCO_2は0・8tCO_2／年、100年で80tCO_2となる。木を伐採した場合、杉はこのレベルになるのに

30年かかるとすると、

0・8ｔCO_2／年×30年＝24ｔCO_2

の損失となる。従って、伐採して植樹すると工事から100年後の吸収量は56ｔCO_2（100年×0・8ｔCO_2－24ｔCO_2）となる。さらに、特殊工法で低炭素材料と超高耐久構造を採用したとすれば、ＬＣＡで85％のCO_2排出量が削減可能なので、以下のようになる。

560ｔCO_2×（1－0・85）＝84ｔCO_2

以上をまとめると、ＬＣＡで、

①従来技術（仮栈橋あり）＋伐採：（560＋80）－56＝584ｔCO_2
②特殊工法（仮栈橋なし）＋伐採なし：560－80＝480ｔCO_2
③特殊工法＋超高耐久構造・低炭素技術（仮栈橋なし）＋伐採なし：84－80＝4ｔCO_2

となり、②は①に比べて17％、③は②に比べて99％のCO_2排出量の削減が可能という試算になる。

このLinn Cove高架橋は木を1本切ると約10万円のペナルティーが科せられていたので、①の場合は工事の後植林したとしたら、カーボンクレジットに換算すると以下のようになる。

56本×10万円＝560万円

560万円÷56tCO$_2$＝10万円／tCO$_2$

560万円のペナルティーは橋の工費の約6％に相当するので、施工者としては伐採しない特殊工法を選択しやすくなる。木1本の伐採に10万円のペナルティーという設定は、森林保護の観点から今考えても妥当なレベルであるといえよう。Linn Cove高架橋の事例は、国土の70％が山岳地域である日本の道路建設に重要な示唆を与えるものであると考えられる。特に③の技術は、PPP（官民連携）事業でプロジェクトファイナンスをESG（環境・社会・企業統治）投資として集める際の強力なインセンティブになろう。いかなる時代も、先達の優れたコンセプチュアルデザインは、現在でも十分通用するのである。

第5章

解体段階や新しいライフサイクル段階で使える低炭素技術

chapter 5-1

循環型経済の現状

解体した建物をとことん利用する社会

コンクリート構造物がそのライフサイクルを終えるとき、解体して廃棄することは最後の選択とすべきだ。つまりスクラップ&ビルドではなく、例えば使わなくなった鉄道橋を歩道橋として再利用するような、コンクリート構造物の機能を変えたリユースや文献(1)、解体した部材ごとのリユース、リサイクルをまず考えなければならない。

もちろんその時は、リユース、リサイクルに伴うＣＯ２（二酸化炭素）排出量も考慮して、元のサイクルと次のサイクルの循環型経済でＬＣＡ（ライフサイクルアセスメント）の最小を目指す必要がある。

日本の建築材料でそれなりのリユース市場が形成されているのが木材である。木材の再利用は木材利用促進法で規定されている。これは主に古民家解体時に出てくる一本物の木材の梁や柱のリユースである。一本物の木材はその材齢と同じ期間の耐久性があると言われている(2)。

一方で現在の木材建築物の主要材料である集成材は、複数の板を貼り合わせるための接着剤の耐用年数があり、解体後の再利用には注意が必要である。また、チップ化してバイオマス発電の燃料として使用する場合は、固定化していたCO_2が燃焼によって排出されることになる。持続可能な経済活動に関するEU（欧州連合）の独自基準である「タクソノミー」では、廃棄物を燃やしてその熱を利用するサーマルリサイクルが認められていない。

また、鉄骨は耐火被覆を施すのでそのまま再利用できない。一般的にはスクラップのリサイクルとなる電炉製品での再利用になるが、現状はグリーン電力が十分に供給されていないのでその過程でCO_2を排出する。

一方でコンクリートは、粉砕して材料レベルに戻したリサイクルが主流である。そして、その過程でCO_2を排出する。解体したコンクリートの梁や柱を再利用する場合の一番の障壁は、木材のように基準法が規定されていないということである。

循環型経済で世界の最先端を走っている国がオランダである。ここでいくつか事例を紹介する。1つ目は、解体した建物をとことん再利用するプラットフォーマーのSuperuse Studios(3)である。会社の設立は2012年だ。世界がカーボンニュートラル宣言を打ち出すずっと前から活動していることになる。特徴として、彼らは解体した部材、部品を「Harvest（収穫）」と呼んでいる。また収穫する材料は、解体時に出る廃棄物だけでなく、在庫品や不良品などの「新品」も含む。そしてこれらの90％が再利用される。

さらに彼らはビルをいかに解体せずに構造ごとリユースできるかという提案を建築家として行い、構造デザイナーと協業して最適な設計をクライアントに提供するのである。できるだけ部材を傷つけることなく解体できるように「ドライジョイント」を志向している。

そして、最も重要な再利用品の保証については、現在は供給先が少ないため、経験のあるステークホルダーがそろう場合は、責任を共有することがあるが、それ以外は第三者機関の認証を求めている。

日本においても、将来新設する構造物は解体しやすくリユースを踏まえた建設が求められるようになると考えられるが、既設の構造物でも構造そのものの機能を変えた「リユース」を提供していけば、リユース市場を少しずつ構築することが可能と考える。

解体した橋桁の再利用が当たり前に

もう1つの事例は、橋梁部材の再利用のためのプラットフォームである。橋梁部材のリユース需要と供給を結びつけるプラットフォーム「ナショナル・ブリッジ・バンク（国立橋梁銀行）」だ(4)。解体した橋桁を再利用することは当たり前で（図5－1）、アムステルダムにある鋼製鉄道橋の再利用のために、その上にカフェを構築した例もある（図5－2）。ナショナル・ブリッジ・バンクのWebサイト内にある「橋の再利用ガイド」のページには、枠組み条件と一般的課題、橋の提供、輸送と一時保管、橋の需要、橋の別の機能での再利用について、技術的、法的、財務的側面から解説されている。

実際にサイトをのぞいてみると、橋そのものから検査路、可動橋の駆動装置にいたるまで、様々な「売り物」が出ている。彼らは、循環性そのものではなく環境への影響を制限することを目的

図5-1 ● 再利用する橋桁の撤去（写真：オランダ インフラ・水管理省）

図5-2 ● 橋桁を再利用したカフェの事例（写真：IMd Raadgevende Ingenieurs）

としており、中古の橋の利用が新しい橋の建設より必ずしも安いわけではないと知っている。請負業者は鉄やコンクリートの再利用時に資材購入に伴う利益を得ることができない。むしろ、得られない利益が提示工費に織り込まれ、結果として若干高くなる可能性がある(5)。

日本でこのような中古品を採用した場合、高い工費を提示することはハードルが高いと思われる。経済的側面ではなく環境側面からの循環型経済という意識改革がまず必要であろう。既に日本は人口減少の時代に突入している。自治体においては、橋の閉鎖という事態は十分現実性を帯びている。橋の再利用のネットワークがあまり広範囲に及んでは、運搬によるCO_2排出の問題が生じるので、狭い範囲における地域連合でのブリッジ・バンク構想であれば実現可能かもしれない。小規模なＪＩＳ桁レベルから始めてはどうだろうか。損傷の激しい外桁を、閉鎖する予定の桁の再利用で賄うといった試みは、法整備と循環型経済に対応した新しい技術があれば十分あり得ると思われる。

chapter 5-2

循環型経済に対応した技術

建築で再製品化の流れ

コンクリート構造物のライフサイクルは長く、供用段階で様々な要因による社会や環境の変化を伴う。人口や気候の変動、技術的なパラダイムシフトなどによって、構造物の機能変更を余儀なくされることが想定される。例えば、橋であれば幅員の増減、路線の統廃合などが、建物であれば増築や減築、解体、移設などがそれぞれ考えられる。

重要なのはCO_2排出量を最小限に抑えることを予測して、事業の最初のサイクルである設計にその内容を反映することである。これからの新設は、解体しやすいコンクリート構造物が求められ、解体した部材を再製品化してリユースすれば、A1からA3までのCO_2排出量を限りなくゼロに近づけることができる。

このようなマルチサイクルなコンクリート構造物に関する様々な技術は、基準も含めてこれから取り組むべき課題である。供用中のモニタリングや解体後の部材の評価、新品と同等の品質で再製品化する技術、構造の規格化など新しいチャレンジを含んでいる。

ここで、再製品化（Remanufacturing）という新しい考え方を紹介する（**図5−3**）(6)。材料段階まで戻して、主に別の用途で再利用するのがリサイクル。また、構造物や部材などをそのまま再利用するのがリユースだ。性能としては元に戻らないため、リユースの回数には限界がある。

一方、再製品化は解体された部材の性能評価を行い、部材製作段階まで戻して、新品と同じ性能を付加することで何度でもサイクルを回すことができる究極の低炭素技術だ。ここには供用中の構造物の損傷度合いをモニタリングする技術が欠かせない。また、循環型経済に適用できるようにするため、基準や設計による部材の標準化も求められる。

再製品化が可能な建築物のコンセプトを図5―4に示す。プレキャストの柱と梁をアンボンドプレストレッシング鋼材で圧着してフレームを組み立て、モジュール化された部屋を間に設置していく工法だ[7]。梁と柱は圧着接合であるために、プレストレス力を開放することで簡単に解体できる。そして、免震・制震技術と組み合わせることで、地震時でも部材が損傷しないように設計することが可能である。

残念ながら日本国内では、柱・梁をアンボンド圧着工法で構築した事例がなく、その設計法も明確になっていないが、最近の研究でようやく設計法は確立されつつある[8]。

近い将来、ホテルや寮、事務所、データセンター、仮設病棟などに適用でき、需要増に対する増築にも対応可能だ。また、あるフロアーの機能を丸ごとホテルから事務所へ変換するといったことも、モジュールを差し替えることで可能になる。モジュールだけを所有して、構造フレームを賃貸にすれば、住んでいるモジュールをそのまま別の場所にある構造フレームに入れ込むだけで引っ越しが完了するといったビジネスモデルも考えられよう。もちろん、モジュールは工場に

図5-3 ● 再製品化（Remanufacturing）のプロセス（出所：文献(6)）

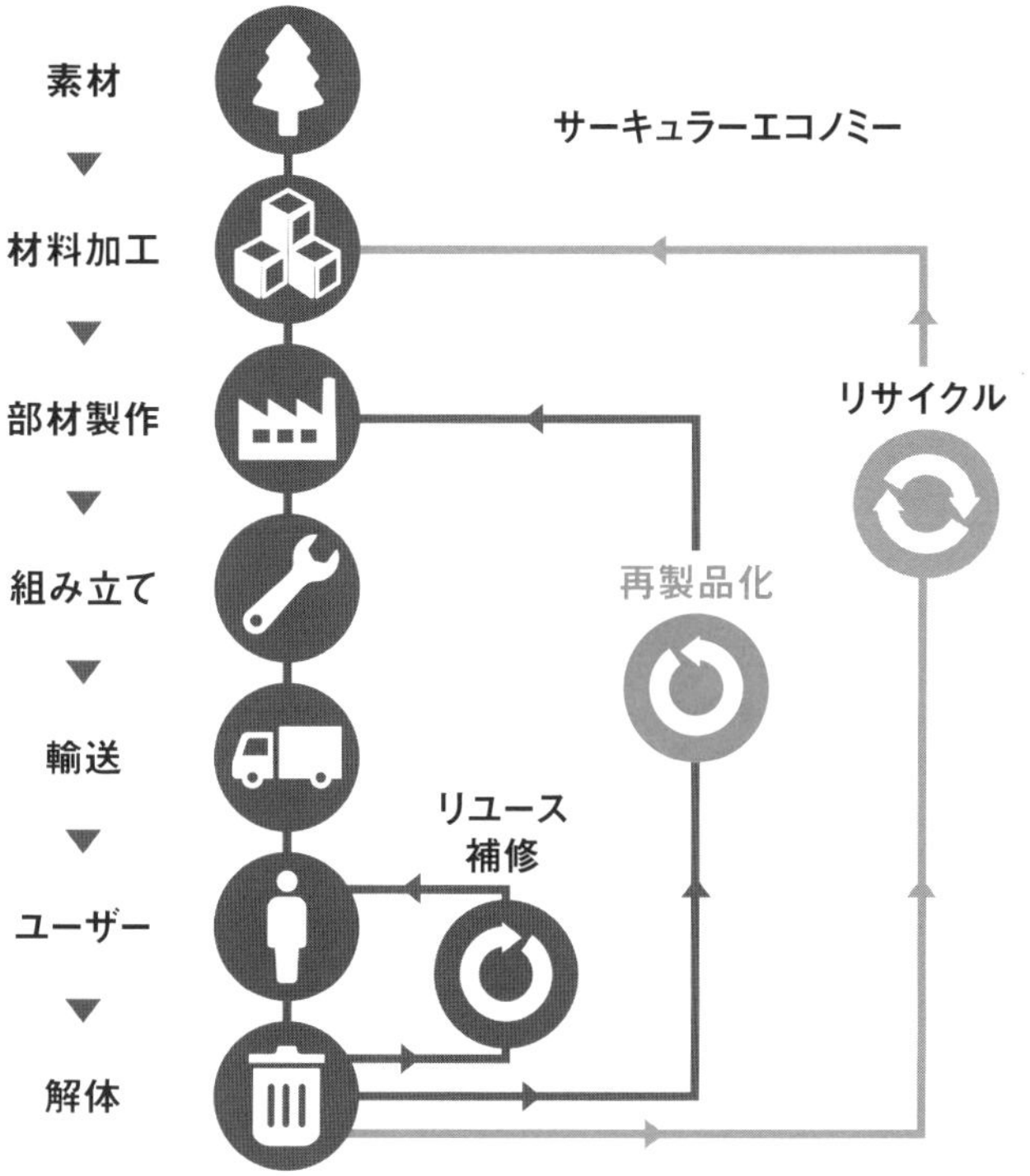

図5-4 ● 再利用を考えた建物のコンセプト（出所：三井住友建設）

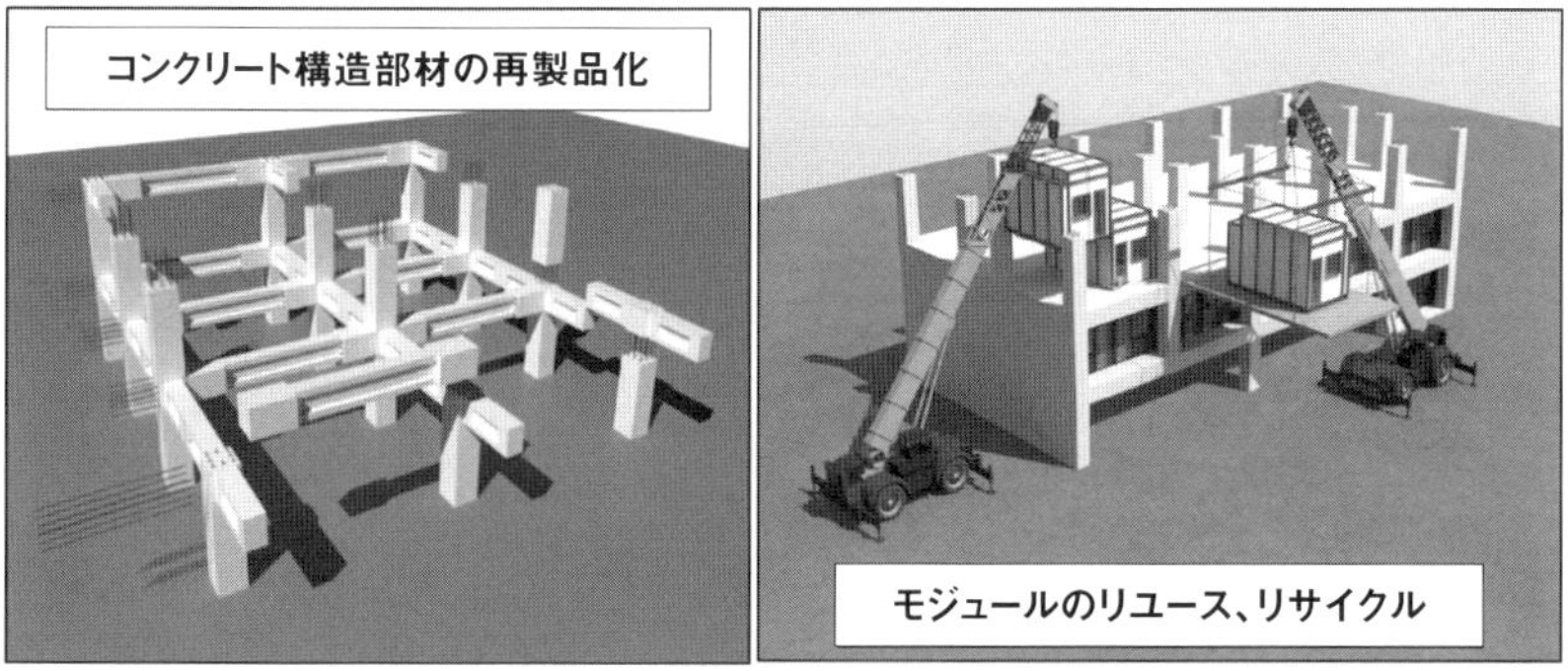

返して完全リサイクル、リユースを行えばよい。

課題は、リユースにおける解体した部材の健全度評価手法である。外観はもとより、内部の損傷を素早く計測できる評価システムを、ＩＣＴ（情報通信技術）を駆使して構築しなければならない。そして、バージンな部材という保証書付きで、再利用の需要と供給を結びつけるプラットフォームを立ち上げ、オークション市場を形成していく新しいビジネスモデルを創生する必要がある。このシステムには、ＥＰＤ（環境製品宣言）とブロックチェーンを利用したカーボンクレジットのＮＦＴ（Non-Fungible Token：非代替性トークン）が不可欠だ。

chapter5 column

コンクリートの解体で開発が進む低炭素技術

コンクリートの解体というと、どんなものを想像するだろうか。騒音、ほこり、振動など決していいイメージを持たれていないと思う。特にコンクリート構造物は、鉄筋などの鋼材と一体化しているために、その解体には非常に労力がかかる。

一般的に、コンクリート構造物の解体は高圧水によるウオータージェット工法（ＷＪ工法）や、人力や重機によるはつりによって行われる。また、海外では爆薬を用いた爆破によって解体されることもある。ＷＪ工法はコンクリートと鋼材を一緒に切断することが可能であるが、多量の水道水を使用することや、常時発生する騒音の課題がある。人力や重機によるはつりはご存じの通り、常時騒音、振動が発生する。

一方で近年、騒音を制御でき、かつ解体に伴うCO_2（二酸化炭素）排出量を抑えられる工法が生まれている。「精密衝撃破砕工法（ＳＭａｒｔＤ）」だ。コンクリート構造物を効率的かつ容易に解体するために、意図した位置と方向にひび割れ面を形成するように装薬配置を設計し、小規模な衝撃波によって構造物を破砕する工法である文献(1)。従来、使用されてきた放電破砕工法(2)を精密にコントロールして、設計した通りのひび割れを発生させることができる。放電破砕工法は自己反応性薬剤を高圧放電により励起させることで、薬剤を急速に蒸発、膨張させてその膨張圧を装薬孔壁に作用させ対象物を破壊する工法である。精密衝撃破砕工法は、その破砕薬の位置や深さをコントロールすることで、鋼材とコンクリートを分離させ、解体を効率的に行うことが可能となる（図1、2）。特徴は以下の通りである。

・簡易な養生で飛散・騒音を制御することが可能で、近接交通に影響を与えない
・解体に供するエネルギーを化学反応で賄うため、解体作業に伴うCO_2排出量が他の工法と比較して小さい
・破砕薬であるニトロメタンは、ラジコン飛行機の燃料などに使用され、ガソリンよりも少ない酸素で大きな出力を生む。そして高圧放電で気化してもCO_2は発生しない

ＷＪ工法とこの精密衝撃破砕工法とを、合成桁の床版コンクリートの解体を事例として、サステナビリティの観点から比較してみる。まず、コンクリートを$1m^3$解体するときに排出するCO_2の量である。**図3**に示すように、精密衝撃破砕工法は装薬のための削孔と放電破砕の発電機、そして破砕の後の二次的な解体で使うわずかな軽油だけである。ＷＪ工法に比べてCO_2排出量が極めて少なく、削減量は94％になる（破砕によって鉄筋とコンクリートは基本的に分離するので、リサイクルのための鉄筋のはつり出しも容易であるが、この比較にはそれを含めていない）。鉄筋コンクリートのかぶり部だけの解体や、ＳＲＣの鉄骨とコンクリートの分離といったように、精密衝撃破砕工法は必要な部分だけの解体を正確に行う

図1 ● 精密衝撃破砕直後の様子（写真:三井住友建設）

図2 ● コンクリートを取り除いた様子（写真:三井住友建設）

ことができるので、どのようなケースでもCO_2排出量削減に貢献できる。

次にＳＤＧｓ（持続可能な開発目標）に関係する「水」の使用量を比較する。ＷＪ工法に使用する水は水道水であり、1m^3はつるのに23・５ｔ必要になる。そして、はつった後の排水はコンクリートや金属、油などが混入しており、再利用は不可能である。適切な排水処理を行い、分離したスラッジ（汚泥）は産業廃棄物処理をしなくてはならない。一方、精密衝撃破砕工法には水は不要だ。世界には数十億人の単位で安全な飲み水にアクセスできない人たちがいる。コンクリートの練り混ぜ水も水道水であり、ビルやインフラの建設時に多量の「水」を使用している。建設産業は、この「飲める水」を使わなくても済むような技術開発を進めるべきではないだろうか。水の問題は、CO_2排出量削減と同じように人類の大きな課題である。コンクリート構造物の解体で、CO_2排出量と使用する水の量を減らす１つの解決策が、この精密衝撃破砕工法だと考える。

図3 ● コンクリリート1m^3を解体する際のCO_2排出量（出所:三井住友建設）

工法名	使用燃料	使用量（ℓ）	燃料1ℓ当たりのCO_2排出量（$kgCO_2$/ℓ）	燃料によるCO_2排出量（$kgCO_2$）	コンクリート1m^3解体時における全CO_2排出量（$kgCO_2$）
ウオーター ジェット工法	軽油	431.1	2.619	1129	1179
	ガソリン	21.5	2.322	50	
精密衝撃破砕工法（SMartD）	軽油	29	2.619	76	76
	ガソリン	0	2.322	0	

第6章

LCAの最適化

chapter 6-1

最適化の変遷

サステナビリティの3要素の最適化を

土木・建築構造物はこれまで、工事にかかる直接的なコストを最小化することが最適であるという考えで主に造られてきた。そのためには材料の最小化が求められ、目的関数にコストを用いた最適化設計の研究が1980年代から1990年代にかけて実施されてきた。そのころ、筆者も目的関数にコストを用いて最小化することで斜張橋の張力を決定する最適設計を研究したが文献(1)、コストカーブが非常にフラットなので実務的に使われることはなかった。

現在、戦後復興の象徴となった東名、名神高速道路で大々的な床版更新事業が実施されている。建設当時の1960年代は、イニシャルコストの最小を追求した設計であった。60年以上たった現在の更新費用は、初期の建設費用の3~4倍かかるといわれている。

一方で、東京都の墨田川にかかる関東大震災の復興時に建設された橋梁群は、100年経過した今も、大掛かりな更新を行うことなく供用中である。これは建設当時に電車荷重も見込んだ設計となっていたが、今は自動車だけの通行なので橋の耐荷力に余裕がある、つまり現在はオーバーデザイン状態にあることも一因であると考える。

工期短縮を制約条件に課するケースはあまりないが、今までは工期短縮によるコストアップがなかなか発注者に認めてもらえなかったので、施工者にその技術があってもモチベーションが働かなかった。しかし近年、プロジェクトに民間資金を投入したPPP（官民連携）やPFI（民間資金を活用した社会資本整備）が採用されるに当たって、キャッシュフロー上の利点になるという理由から、積極的に工期短縮を提案する場合がある。

例えばフランスのミヨ高架橋は、施工者に75年間の料金徴収権が与えられているため、大胆な急速施工法を採用して工期短縮を行った（図6－1）。75年間の保全は最小限になるように設計されているものと想像される。

この事例は、ライフサイクルのCO_2（二酸化炭素）排出量を考慮していないが、これまで述べてきたように構造物のCO_2排出量は材料

図6-1 ● フランスのミヨ高架橋

製造段階と供用段階がほとんどを占めるので、大掛かりな急速施工によるCO_2排出量は微々たるものだ。地上250mの高さを走るこの高速道路は、早期の開通でそれまでの下道での交通に比べ、車の通行に伴うCO_2の排出量も随分少なくなっているのではないかと思われる。

構造物は、外力である荷重が構造物の抵抗力をその供用期間中に上回らないように設計することが基準で定められている。そして、インフラの設計耐用期間は100年である。先進国の経済成長は交通量の増大を生み、そのことが構造物の疲労寿命を縮める結果となった。また、スパイクタイヤを禁止しスタッドレスタイヤに変えることで、冬季の凍結防止剤の散布につながり、山間部でもコンクリートの塩害を発生させる要因となった。そして、先進国の人口増加は停滞し、車が空を飛ぶ時代がそこまで来ている今、これからの交通量の減少は避けられない状況である。

一方でこれからの人口増加が見込まれるグローバルサウス（南半球に多い新興国・発展途上国）では、ますます経済が発展するため、これらの先進国がたどってきたことを教訓として、構造物の寿命を縮める行為を繰り返さないようにしなければならない。

100年という設計耐用年数は、人の三世代にわたる長い時間軸である。構造的な初期コストの最小化ではなく、①ライフサイクルでの材料製造段階・供用段階における環境的影響と、②社会的影響と、③経済的影響という「サステナビリティの3要素」の最適化を目指すべきであると考える。そして、直接的なコストとCO_2排出量を最小化しカーボンプライシングでコスト換算した間接的コストの合計を最小化すれば、あらゆるステークホルダーのコンセンサスも得やすいのではないだろうか。

chapter 6-2

今できるコンクリート構造物の低炭素化

低炭素技術で橋の排出量を80％低減

一般的なコンクリート橋を題材に、従来技術と現在使用可能な低炭素技術によるCO_2排出量を比較してみる。低炭素技術とは、第3章で述べたセメントの代わりに副産物（フライアッシュ、高炉スラグ、シリカフューム）を用いたゼロセメントコンクリートと、第4章で述べた鋼製補強材の代わりにアラミドＦＲＰ（繊維強化プラスチック）を使用したノンメタル橋の組み合わせである。特にノンメタル橋は、供用期間中に付属物以外の橋体を保全しなくてよいノーメンテナンスという前提で試算する。

ここでは、製造段階の材料の原単位を用いてCO_2排出量を算出する。供用段階の保全によるCO_2排出量はデータがないために、製造段階（Ａ1～Ａ3）を基に仮定して計算した。また、実際のノンメタル橋には繊維補強コンクリートを使用しているため、せん断に対する補強材は入っていないが、この試算では、鋼製鉄筋の代わりにＧＦＲＰ（グラスファイバーＦＲＰ）を使用することにした。

図6-2、6-3は試算に用いた橋梁とプレストレストコンクリート桁の断面図である。支間

長は37ｍと、ごく一般的な長さとした。（ａ）はゼロセメントコンクリートとノンメタル技術を使った断面で、（ｂ）は既存技術による断面だ。外形寸法は簡略化のために変えていない。また、せん断補強筋は、（ｂ）の普通鉄筋と同じ強度のＧＦＲＰに置き換えただけである。

図６－４に部材ごとの材料製造段階（Ａ１からＡ３まで）におけるCO_2排出量の計算結果を、**図６－５**に部材ごとと材料ごとのCO_2排出量の比較を示す(2)。この結果から、低炭素技術を組み合わせた橋梁は、CO_2排出量を60％削減できることが分かる。CO_2排出量はゼロセメントコンクリートだけでなく、ＦＲＰの使用でも削減できるというわけだ。

続いて、米インディアナ州が橋梁管理システム(3)のために考案した、プレストレストコンクリート橋のライフサイクルプロファイルと劣化曲線について紹介する（**図６－６**）。床版と支承の取り換えは建設後40年で行われ、劣化と構造性能の低下により60年後までには再構築が必要であることを示している。

特に、インディアナ州運輸局が様々な橋梁上部構造につい

図6-2 ● **試算に用いた橋梁の上部工断面**（出所：文献(2)）

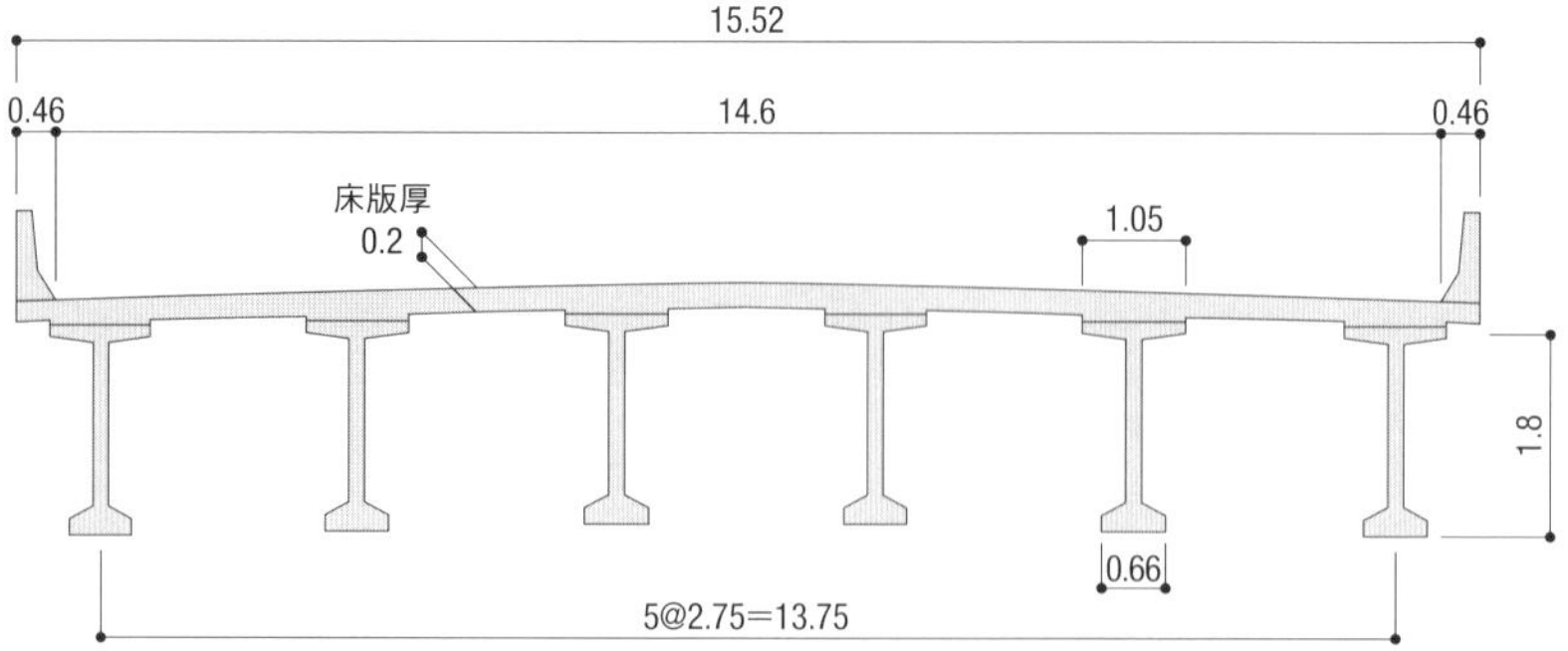

図6-3 ● 比較した桁断面(出所:文献(2))

(a) ゼロセメントコンクリートとノンメタル技術を組み合わせた橋梁

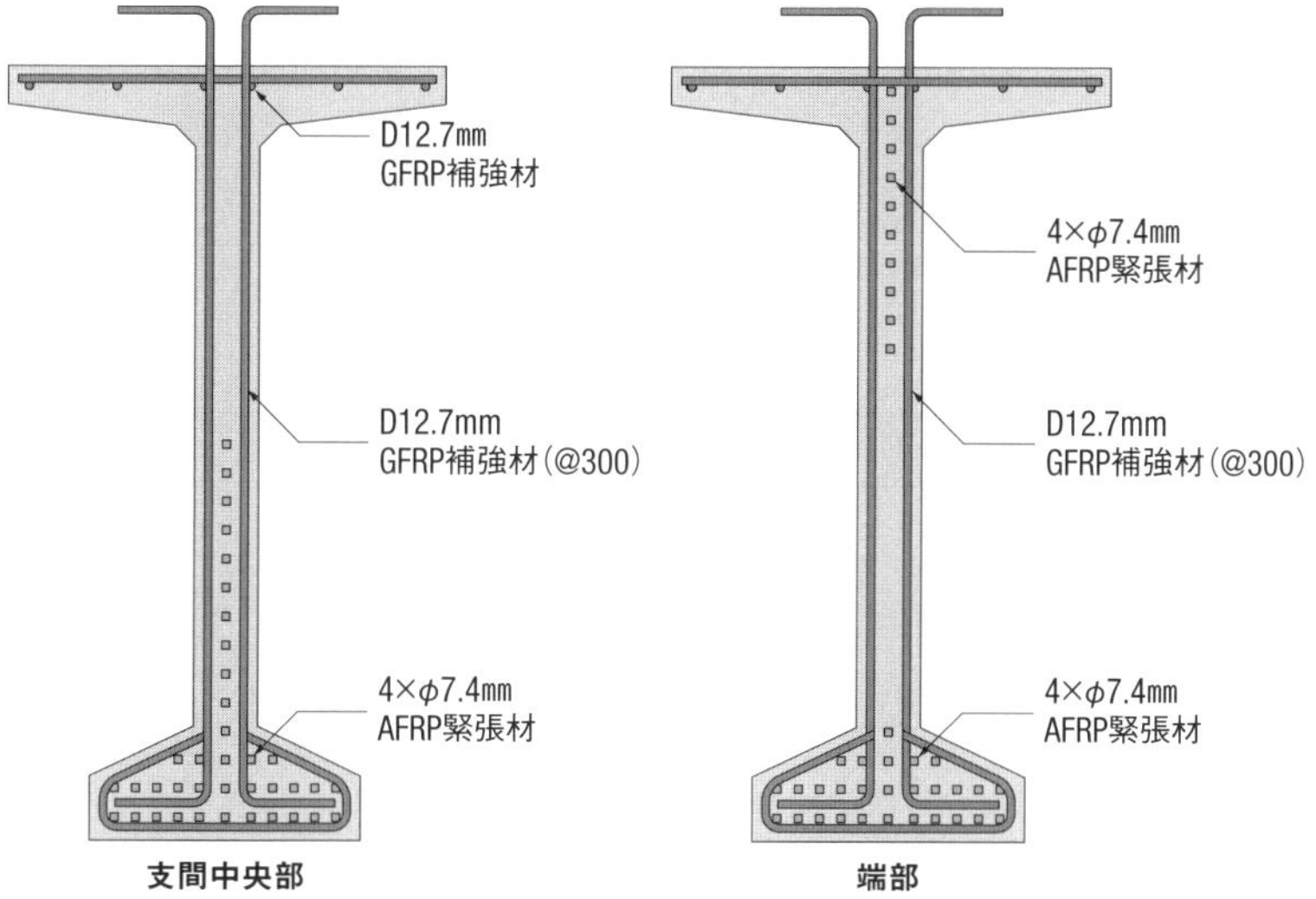

(b) 既存の技術による橋梁

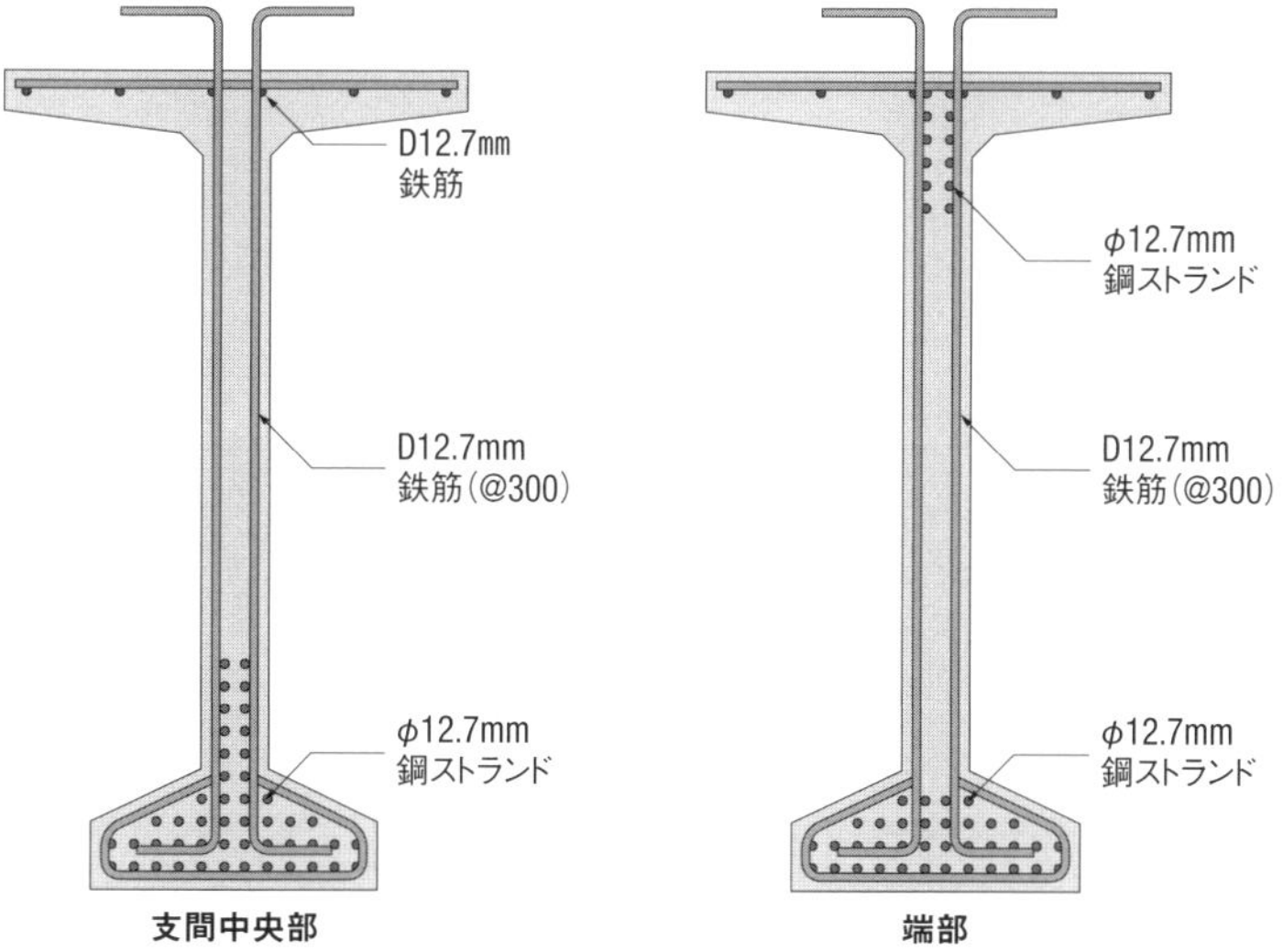

図6-4 ● 従来技術と低炭素技術のA1～A3のCO_2排出量（出所：文献(2)）

		項目	体積 (m^3)	単位重量 (kg/m^3)	重量 (kg)	CO_2排出量原単位	材料ごとの排出量 (tCO_2)	部材ごとの排出量 (tCO_2)	部材数	部材の排出量 (tCO_2)	総排出量 (tCO_2)
従来の橋梁	桁	φ12.7mm鋼ストランド	18.3	2400	43800	$356kg/m^3$	6.5	14	6	84	174
		D12.7mm鉄筋	0.2	7850	1373	4.03kg/kg	5.53				
			0.1	7850	992	1.99kg/kg	1.97				
	床版	D16mm鉄筋	116.6	2400	279804	$356kg/m^3$	41.5	76.2	1	76.2	
			2.2	7850	17420	1.99kg/kg	34.67				
	壁高欄	D16、D19mm鉄筋	10.6	2400	25344	$356kg/m^3$	3.76	6.8	2	13.5	
			0.2	7850	1506	1.99kg/kg	3				
低炭素技術による橋梁	桁	φ7.4mmAFRP緊張材	18.3	2400	43800	$99kg/m^3$	1.81	5.3	6	32	70
		D12.7mmGFRP補強材	0.2	1300	308	9.1kg/kg	2.8				
			0.1	1740	235	3.1kg/kg	0.73				
	床版	D19mmGFRP補強材	116.6	2400	279804	$99kg/m^3$	11.54	32.7	1	32.7	
			3.2	2100	6814	3.1kg/kg	21.12				
	壁高欄	D15mmGFRP補強材	10.6	2400	25344	$99kg/m^3$	1.05	2.67	2	5.3	
		D20mmGFRP補強材	0.03	2000	65	3.1kg/kg	0.2				
			0.2	2675	458	3.1kg/kg	1.42				

図6-5 ● 部材ごとと材料ごとのCO_2排出量の比較（出所：文献(2)）

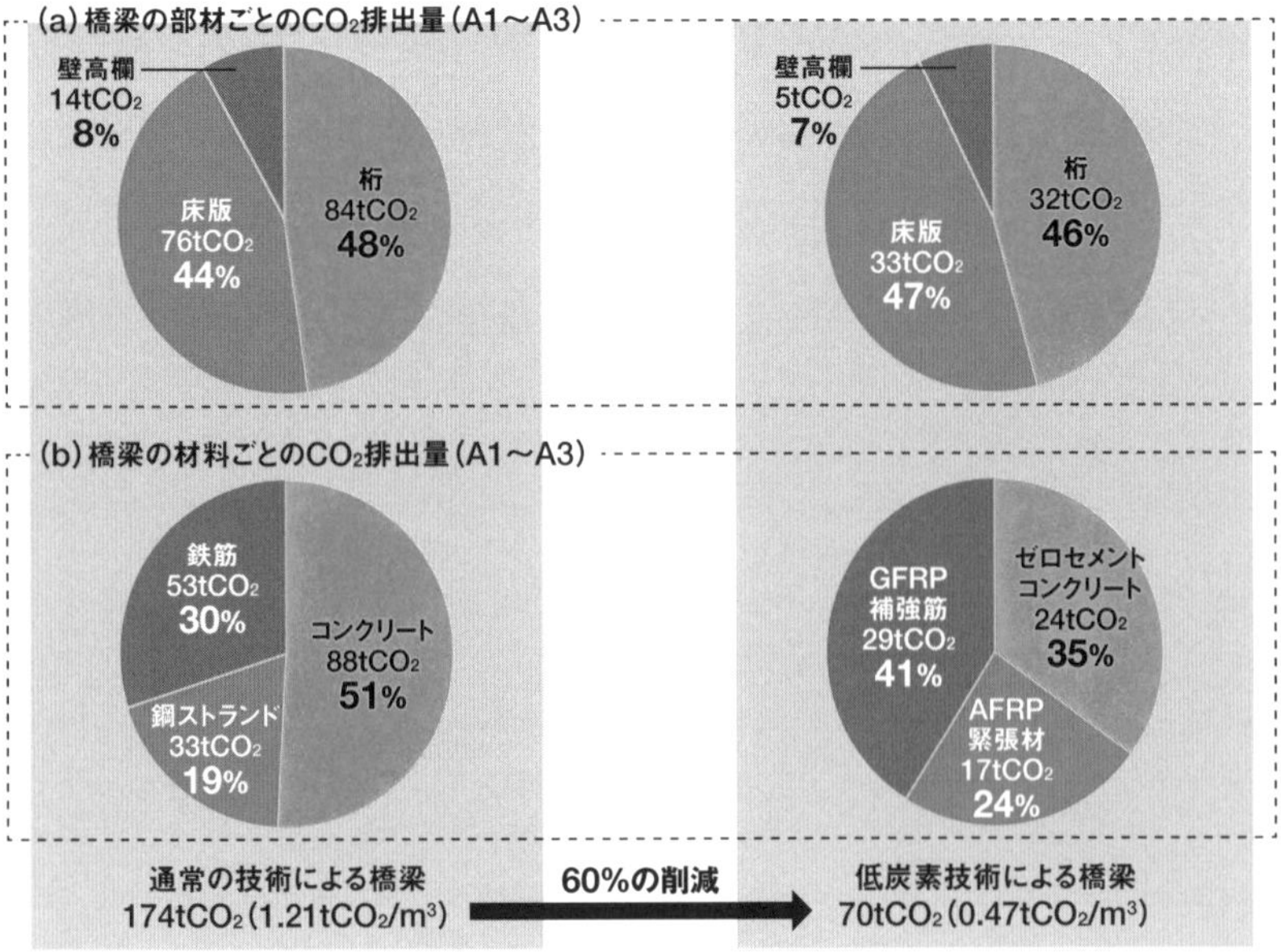

て実施した包括的なLCA（ライフサイクルアセスメント）では、橋梁のライフサイクルコストは初期投資の平均2・5倍。主に補修、改修、架け替えは大きく寄与していることが明らかになっている(4)。

CO_2排出量は従来の技術では543tCO_2、低炭素技術では100tCO_2と約82％削減できる（図6－7）。それも現在実用化されている技術を使ってである。コンクリート1㎥当たりのCO_2排出量は、従来技術で2・2tCO_2／㎥、低炭素技術で0・4tCO_2／㎥となる。

ではこの低炭素技術は、どのくらいの価値があるのだろうか。LCAにおけるCO_2排出量の差は、1・8tCO_2／㎥である。これに第1章で述

図6-6 ● インディアナ州のライフサイクルプロファイルと劣化曲線（出所：文献(3)、(4)）

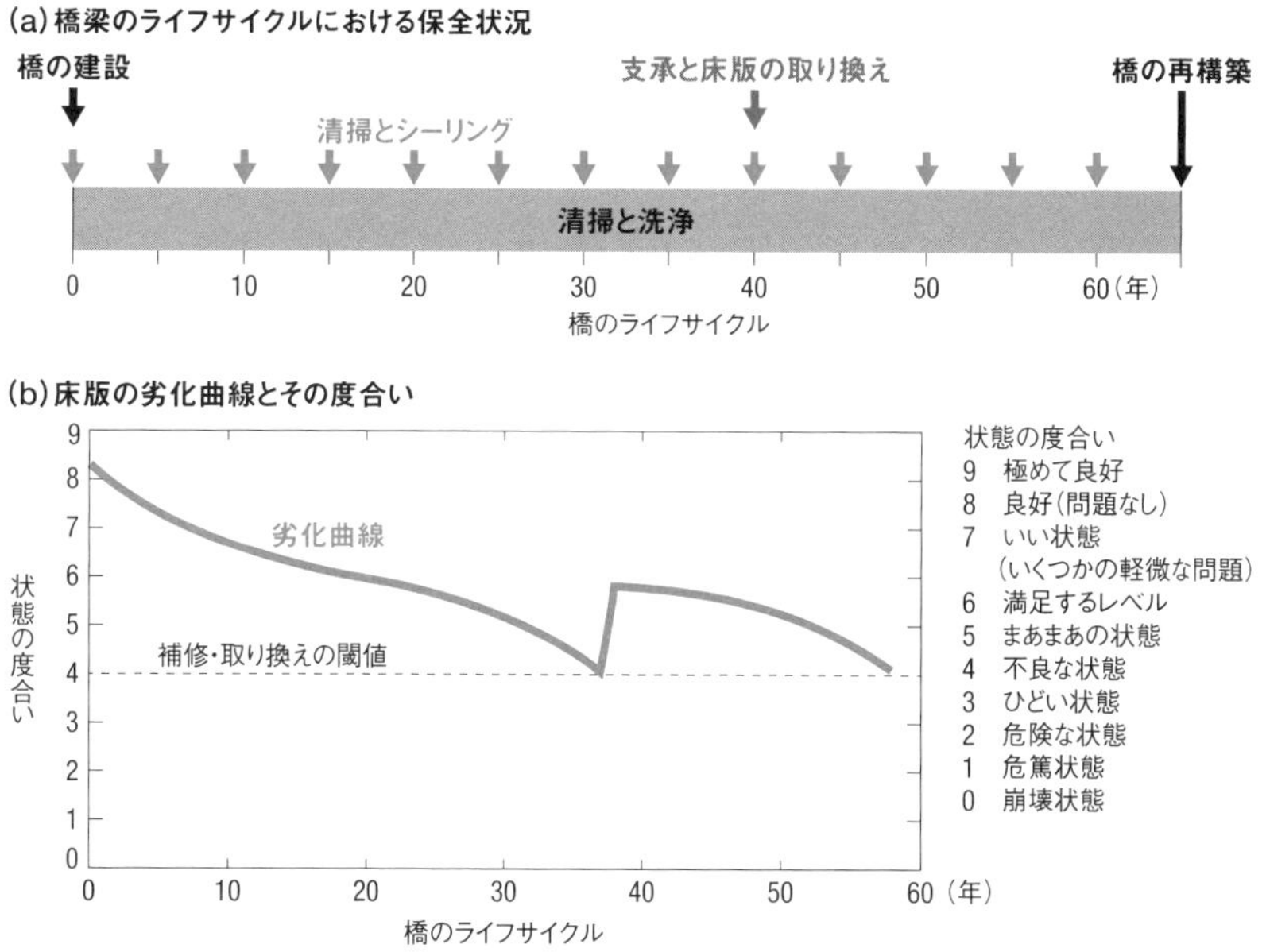

べた100ドル／tCO_2を掛けると、180ドル／m³となる。これがビル・ゲーツの言うグリーンプレミアムなのだ。1m³当たり3万円近いコストはカーボンクレジットと連動すると考えられ、この低炭素技術を確実に社会実装するためには、炭素税で賄う国の技術開発支援も必要になるだろう。

脱炭素にコストを払うという世論形成と、カーボンプライシングという技術開発のモチベーションがないと、技術開発にブレーキを掛けることになる。そして、結果的に世界における日本の競争力を削ぐことになりかねない。

30年前からノンメタル橋の研究開発

ノンメタル橋の開発の歴史についても少し触れておく（図6－8）。筆者の会社では30年前の1990年からアラミドFRPを使ったノンメタル橋の研究開発を実施してきた。しかし、第一世代のノンメタル橋はコストが従来技術の2・5倍となり、一旦開発を停止した。

第二世代の開発は、2010年にスタートしたNEXCO西

図6-7 ● 従来技術と低炭素技術のLCA（出所：文献(2)）

	保全条件	LCA（tCO_2） StageA A1〜A3（80% of A）	StageA A4〜A5（20% of A）	StageB、StageC	A+B+C	コンクリート単位体積当たりの排出量（tCO_2/m^3）	CO_2排出量低減率（%）
従来の技術	補修と取り換え	174	43	326（Aの1.5倍と仮定）	543	2.2	—
低炭素技術による橋梁	ミニマムメンテナンス	70	18	12（A+B+Cの12%と仮定）	100	0.4	82

図6-8 ● ノンメタル橋の開発の歴史（出所：文献(6)）

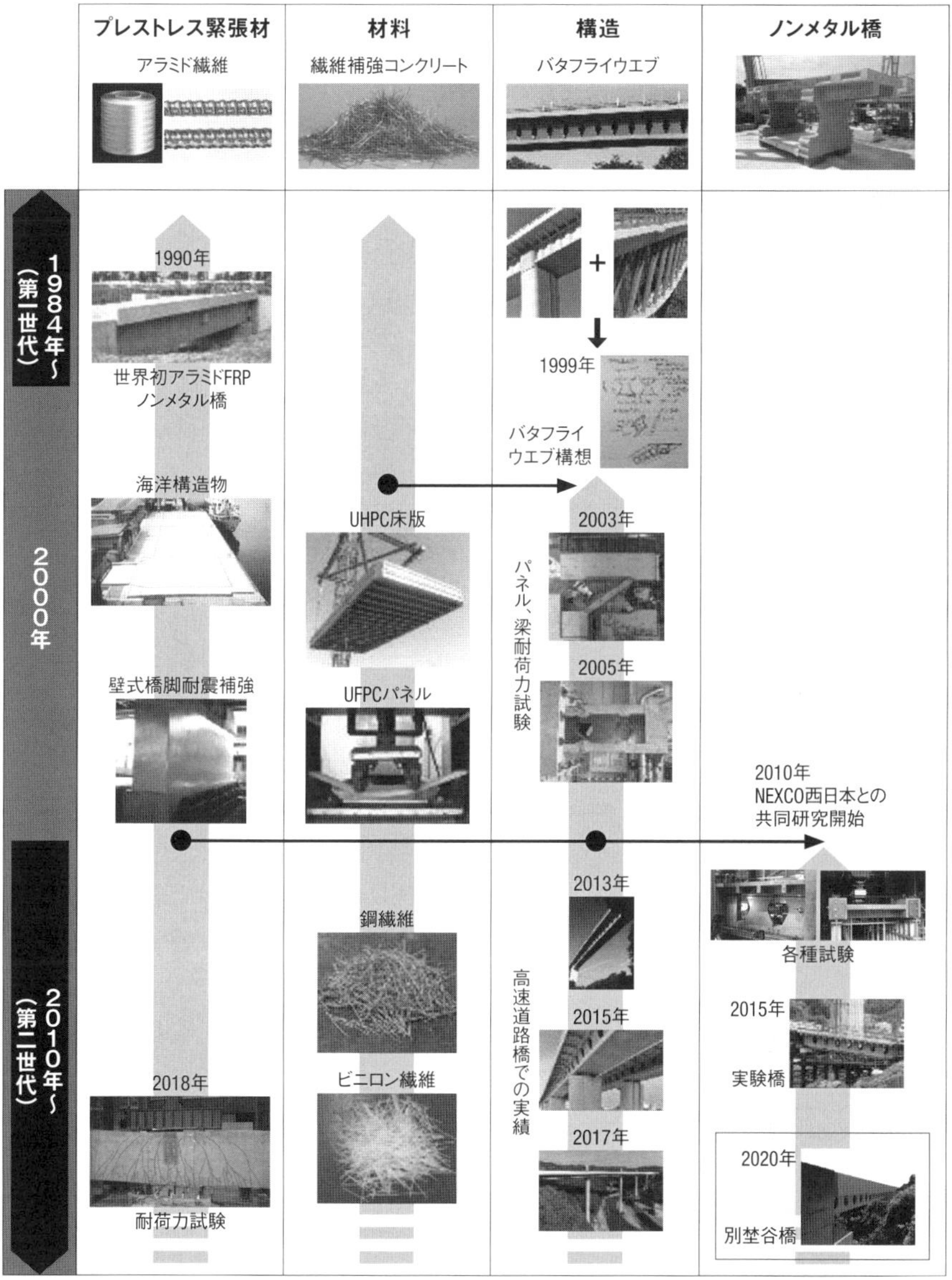

日本とのノンメタル橋の共同研究が起点になっている。この時のコスト制約は最大で従来技術の１・５倍というものであったが、当時は繊維補強コンクリートの技術が実用化されていたので、この条件はクリアできると判断した。そしてこの共同研究の成果が、２０２０年の世界初のノンメタル橋として高速道路に建設されるに至ったのである。

また、１９９０年に製作したノンメタル橋の耐荷力を調べるために30年後に桁を取り出して載荷実験し、アラミドＦＲＰ緊張材が製作当時と変わらない性状を示すことを確認した[5]。そして、２０１９年に世界初のゼロセメントコンクリートとノンメタル技術を融合した桁を、取り出した30年前の桁の代わりに設置した（図6－9）[6][7]。このように、ＬＣＡで80％のCO_2排出量を削減できる低炭素技術は、現在いつでも使えるレベルにある。

図6-9 ● ノンメタル技術とゼロセメントコンクリートが融合した橋（写真:三井住友建設）

chapter6 column

交通渋滞が招く年間12兆円の経済損失

第4章で供用段階の保全におけるCO_2（二酸化炭素）排出について述べたが、実は道路の整備不十分による渋滞も事業者の適切な道路整備により解決されるべき課題である。国土交通省によると、道路交通需要の伸びや非効率的な自動車の使われ方により、道路交通渋滞の状況は深刻化しており、全国で年間に発生する渋滞損失は約38・1億人時間（国民1人当たり年間30時間）。貨幣価値換算すると約12兆円[文献(1)]にも上り、環境問題、経済効率の低下などを引き起こしている。このため、渋滞損失が集中する都心部や全国各地に存在する主要渋滞ポイントについて、効率的かつ効果的な渋滞対策を実施していく必要がある。年間12兆円もの渋滞によるコストは、日本の労働生産性を低下させる要因である。では、このコストがどれくらいのCO_2排出量に相当するのかをいくつかの視点から試算してみる。

まず、12兆円が渋滞時間の貨幣価値換算なので、GDP（国内総生産）の一部だとして単純に日本の平均値210tCO_2／億円円をかけて、

12兆円×210tCO_2／億円＝2500万tCO_2

の排出になる。これは日本全体のCO_2排出量の２％に相当する。

　一方、渋滞は国民１人当たり年間30時間なので、日本の１人当たり平均年間総実労働時間１５９８時間（２０２０年）に対して、

　30時間÷１５９８時間＝０・０１９（１・９％）

この比率が日本の年間CO_2排出量にも適用できると仮定すると、

　11億ｔCO_2×０・０１９＝２１００万ｔCO_2

となる。次に、91ページで示したドイツの研究の数値を用いる。渋滞による負荷、つまり余分なCO_2排出量が80・８ｇ／㎞。渋滞時の車両の平均速度が15㎞／ｈなので、

　38・１億人時間×15㎞／ｈ×80・８ｇ／㎞÷１００万＝４６０万ｔCO_2

となり、これは日本全体の０・４％である。また、渋滞時のCO_2排出量が２４０・７ｇ／㎞なので、

38・1億人時間×15㎞／h×240・7g／㎞÷100万＝1370万tCO_2

で、日本全体の1・2％であり、貨幣価値や労働時間から算出されるオーダーに近い。

いずれ精緻な評価が可能になるであろうが、渋滞による年間CO_2排出量は数千万トンあり、そのうち渋滞による余分なCO_2排出量（平時との差）が数百万トンという現実があることを認識しなければならない。460万tCO_2は1万円／tCO_2として460億円に相当する。そして、渋滞による排出は事業者の責任において削減しなければならない。

では、なぜこのような渋滞を招くのだろうか。それは道路がまだ日本経済のサイズに適するほど建設されていないと筆者は考えている。米国と日本の比較を数値で示していく。

日米の道路密度（道路延長／国土面積）で比較

図1 ● 日米の道路密度（道路延長/国土面積）の比較（出所：文献(2)）

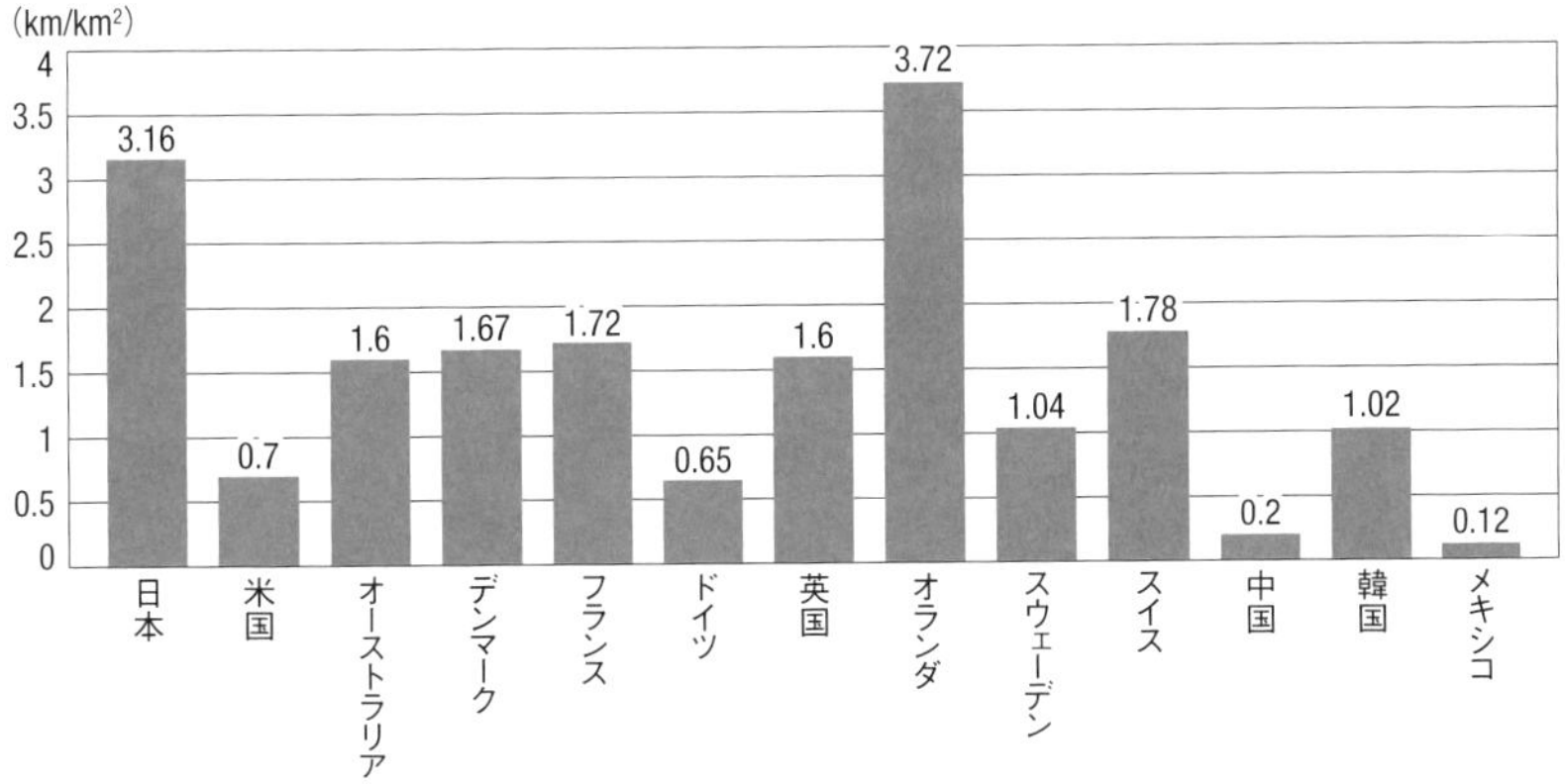

すると、日本の道路は米国に比べて、国土面積当たりで4・5倍の延長がある（図1）。データの出所は、日本道路協会が発行している世界の道路統計[2]であり、「他国に比べてこれだけ道路を造ってきた」というデータが逆手に取られて、逆に「日本にはもう道路は必要ない」という論陣を張られてしまった。筆者は一年間米国に滞在した経験があるが、どう考えても米国の道路が日本の4分の1だとは思えない。

何かがおかしい。そう思って、ふと気づいた。データは道路延長（㎞）／国土面積（㎢）で、米国の広い道路が距離でしか評価されていないのである。「道路は線ではなく面だ」と思って再度、道路統計を見てみると、日本の道路の平均幅員は4・2mだった。一方、米国の平均幅員は出ていない。FHWA（アメリカ連邦道路局）が出している2005年の道路統計[3]を見ると、1レーン（11フィート＝3・3m）当たりの道路延長が出ており、その数値を使用することにした。日本の車線幅員が3m（高速道路は3・5m）であることを考えると、平均幅員4・2mはほとんど一車線の道路に相当する。従って米国と合わせるために日本の幅員を、路肩を差し引いた3mとして試算した。その結果を図2に示す。

まず、1レーン当たりの道路延長での道路延長密度は米国が日本の0・44倍になる。そして、道路延長に道路幅員を掛けた道路面積を用いて道路面積密度で比較すると、米国は日本の0・48倍になり、密度で論ずる限り日本の方が大きくなる。そこで、経済活動による指標と併せて考えてみる。

道路国内貨物輸送量トン当たりに割り当てられた道路面積は、米国が日本の22・1倍と、米国が圧倒的に多くなる。道路統計の年代と違うが、2017年の名目GDP（国内総生産）百万ドル当たりの道路面積で見ても3・1倍、つまり単純な道路延長密度とは逆の側面が見えてくるのである。さらに、両国の自動車保有台数1台当たりの道路面積は、米国が日本の3・3倍になり、経済活動の差と同レベルになる。道路は経済活動と密接な関係があり、やはり線ではなく面で、また物流やGDPなど経済活動と関連付けて議論すべきなのではないだろうか。

このような見方に立てば、日本はまだ米国に比べて、その経済規模に応じた道路が全く足りていないという結論が導き出される。当

図2 ● 日米の道路状況の比較

＊日本の名目GDPは2017年時でUSドル換算

	日本	米国	米国/日本
①道路延長(km)	1,192,972	13,342,000(1レーン当たり)	11.2
②国土面積(km^2)	377,880	9,629,100	25.5
③道路延長密度 ①/② (km/km^2)	3.16	1.39	0.44
④道路幅員(m)	3(4.2)	3.3(1レーン＝11ft)	—
⑤道路面積 ①×④ (km^2)	3,580	44,030	12.3
⑥道路面積密度 ⑤/②	0.0095	0.0046	0.48
⑦道路国内貨物輸送量(百万tkm)	327,632	2,034,915	6.2
⑤/(⑦/①) (m^2/t)	13,040	288,680	22.1
⑧名目GDP(M$)	4,884,490	19,362,560	4
⑤/⑧ (m^2/M$)	733	2,274	3.1
⑨自動車保有台数(台)	78,524,000	292,884,000	3.7
⑤/⑨ (m^2/台)	45.6	150.3	3.3

然のことながら、道路の未整備は最初に述べた渋滞による経済損失ばかりでなく、物流コストに大きく影響し、日本全体が余計なコストを払うことになる。これはいろいろな側面で日本の競争力を削ぐことにつながっている。

日本の運輸業の労働生産性は、米国を１００とした場合44・３と大きく劣っている（１８１ページの図８−３参照）。その理由は、渋滞や狭い道路に対応する車両の大きさの制限など、道路事情に起因するものだけではないと思われるが、以上で示したデータは少なくとも主因の１つであることは想像がつく。

渋滞によるＣO_2排出は、車両の脱炭素化が実現すると解消されるが、まだ現時点で先は見えていない。そして、それが解消されても12兆円の経済損失は大きく日本全体の生産性を低下させる要因であり続ける。12兆円はもっと別の経済活動に投入することで、さらなるサステナブルな社会の構築に役立つはずである。情報は、一方向からだけでなく、いろいろな方面からの情報も集めて判断することが重要である。

第7章

低炭素技術の国際展開

chapter 7-1

fib（国際コンクリート連合）の動き

2050年までのロードマップ作成

スイスのローザンヌに本部を置く*fib*（Fédération internationale du béton：国際コンクリート連合）は、世界最大のコンクリート構造物に関する国際学会である。1998年にコンクリートに関する2つの学会が一緒になって発足した。統合前から数えると70年の歴史を持つ。

筆者は2021年から2年間にわたり、*fib*の会長を務めた。*fib*の最も重要なアウトプットは、10年に1回改訂されるモデルコード（*fib* Model Code）である。この*fib*のモデルコードは、後に欧州の土木・建築の構造基準であるユーロコードに反映されるために、常に最新の技術が盛り込まれる。

モデルコード2010では、世界に先駆けてサステナビリティをいち早く取り入れ、最新のモデルコード2020では、サステナビリティを基準の根幹に位置づけた。そして、新設構造物も既設構造物も同じように持続可能なものに仕上がるように、他に類を見ない先進的な基準になっている文献(1)。

このような*fib*における長年のサステナビリティに関する取り組みは、公式ステートメントとして2021年に対外的に発表した(2)。これは、2019年に英国のガーディアン紙が、コンクリートを「地球上で最も破壊的な材料」(3)と酷評したことを受けた対応である。第1章で述べたように、セメントの60％は構造コンクリートに使用されている。当時批判されていた航空機の「飛び恥」よりもはるかに膨大なCO_2（二酸化炭素）排出量なのである。そして、2020年の世界各国のカーボンニュートラル宣言が起爆剤となり、*fib*の中でコンクリート構造物の低炭素化、脱炭素化の気運が高まったのである。

*fib*の会員は、材料サプライヤー、設計者、施工者、事業者と建設のサプライチェーン全体に及ぶ。特に設計者は、コンクリート構造物のLCA（ライフサイクルアセスメント）最適化のためにライフサイクルにわたる低炭素技術、脱炭素技術を事業者に提案して、その意思決定を支援していかなければならない。

しかし現状は、サプライチェーンにおける材料、施工法、保全方法、解体、リサイクルなどのカーボンフットプリントのデータベースが一部を除いて未整備なため、それがかなわない。特に建設時の材料調達は、各サプライヤーのカーボンフットプリントと輸送距離によるCO_2排出量の合計で判断しなければならない。平均化した原単位では不十分なのである。

国外ではコンクリートや鋼材のEPD（環境製品宣言）が盛んで、そのデータベースが構築されている。*fib*特有のプレストレストコンクリート製品や繊維補強コンクリートに用いるFRP（繊維強化プラスチック）などの特殊な材料のデータベースも急ぎ整備しなければならない。そして、第4章で述べた供用段階に関する耐久性レベルと保全によるCO_2排出量のデータ、社会活動に与える影響の研究、LCAの最適化、などの知見が必要である。

これらは長い時間と膨大なエネルギーが必要であるため、fibでは第1から第10までの委員会を横断する特別委員会(SAG、Special Activity Group)を組成(**図7-1**)。2023年4月に2つのタスクグループが始動した。

1つは*fib*特有の新しいデータベースを整備し、既に存在するデータベースとリンクすることで、会員がワンストップですべてのカーボンフットプリントを検索できるプラットフォームを構築するものである(**図7-2**)。このグループは、*fib*の中でも若いメンバーが中心だ。2050年を自分事として取り組んでいるので、モチベーションがとても高い。

もう1つは、意思決定のためのLCAの最適化に資する知見の蓄積である。このグループは扱う主題が広範囲にわたるので、世界中の最新の研究を集める必要がある。グループは4つのサブに分かれており、それぞれ、①持続可能なコンクリート構造のためのベストプラクティスと最適な構造ソリューションの特定、②持続可能なコンクリート構造物の構造設計のための安全哲学の導入、③コンクリート遺産のグリーン

図7-1 ● *fib*の委員会
(出所:*fib*のWebサイトを基に筆者が作成)

委員会	内容
Commision1	コンクリート構造
Commision2	解析と設計
Commision3	既設構造物
Commision4	コンクリートとコンクリート技術
Commision5	補強材
Commision6	プレキャスト
Commision7	サステナビリティ
Commision8	耐久性
Commision9	知恵の普及
Commision10	モデルコード

再生に関するガイドラインの策定、④持続可能なコンクリート構造物のための最適な構造ソリューションに向けた意思決定プロセスを導くアプローチの特定である。

　*fib*には研究・開発を行う機能はないため、会員は各々違った組織でコンクリート構造物のカーボンニュートラルに取り組んでいく。そのため、*fib*が組織全体のCO_2排出量を集計するのではない。そこで、各々の会員組織での削減の指標となる２０５０年までのロードマップ案を作成中である（図7-3）。

　２０２０年を起点として、２０３０年にはその50%を削減し、そして２０５０年のネットゼロを目指して、サプライヤー、設計者、施工者、事業者がそれぞれ、あるいは連携して低炭素、脱炭素技術の開発に取り組むのである。

　特に既設構造物については、供用段階のライフサイクルは可能な限り延ばすべきであり、取

図7-2 ● 構造コンクリートのフットプリントに関する*fib*のプラットフォーム
（出所：文献(1)を基に筆者が作成）

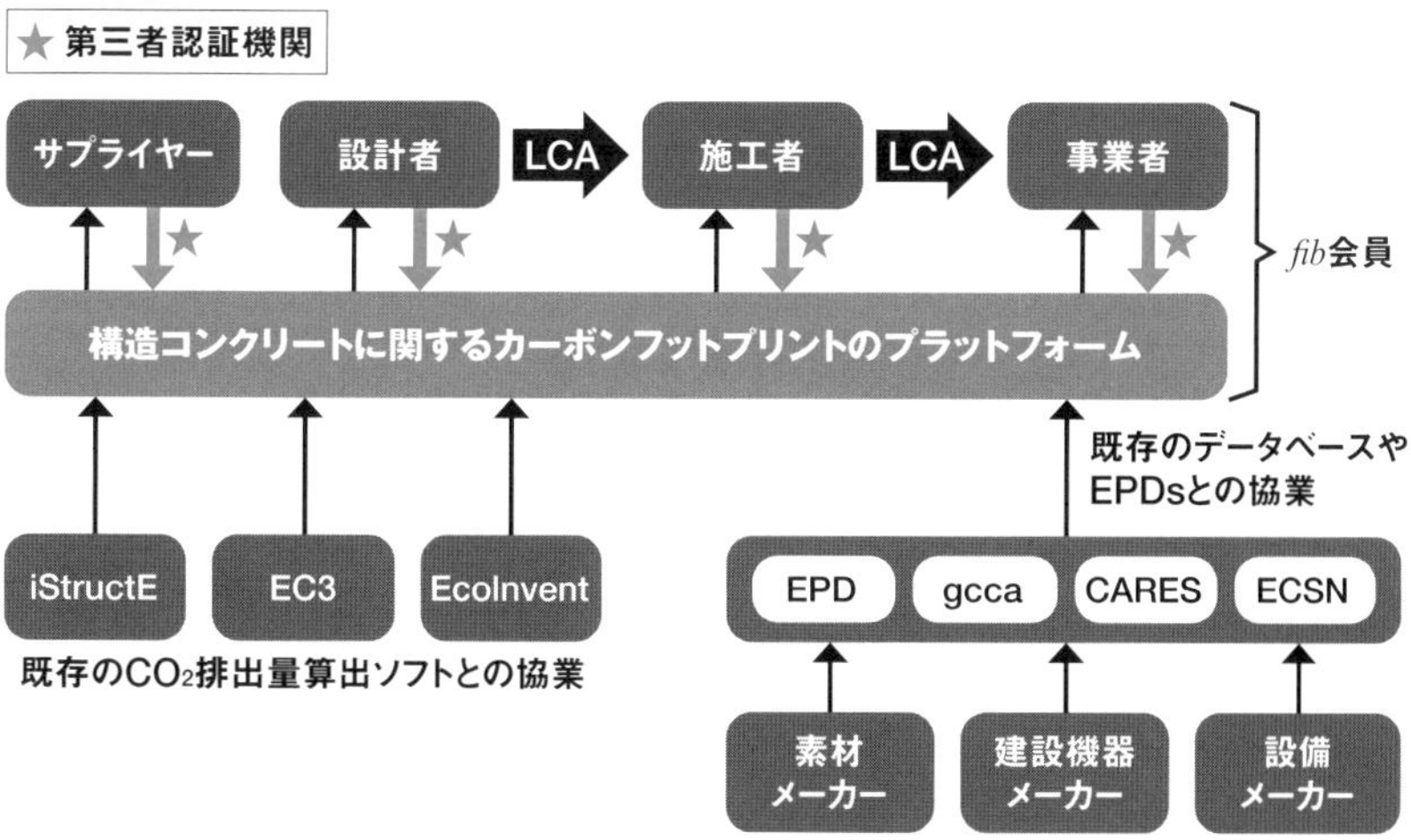

図7-3 *fib*のロードマップ（案）（出所:*fib*）

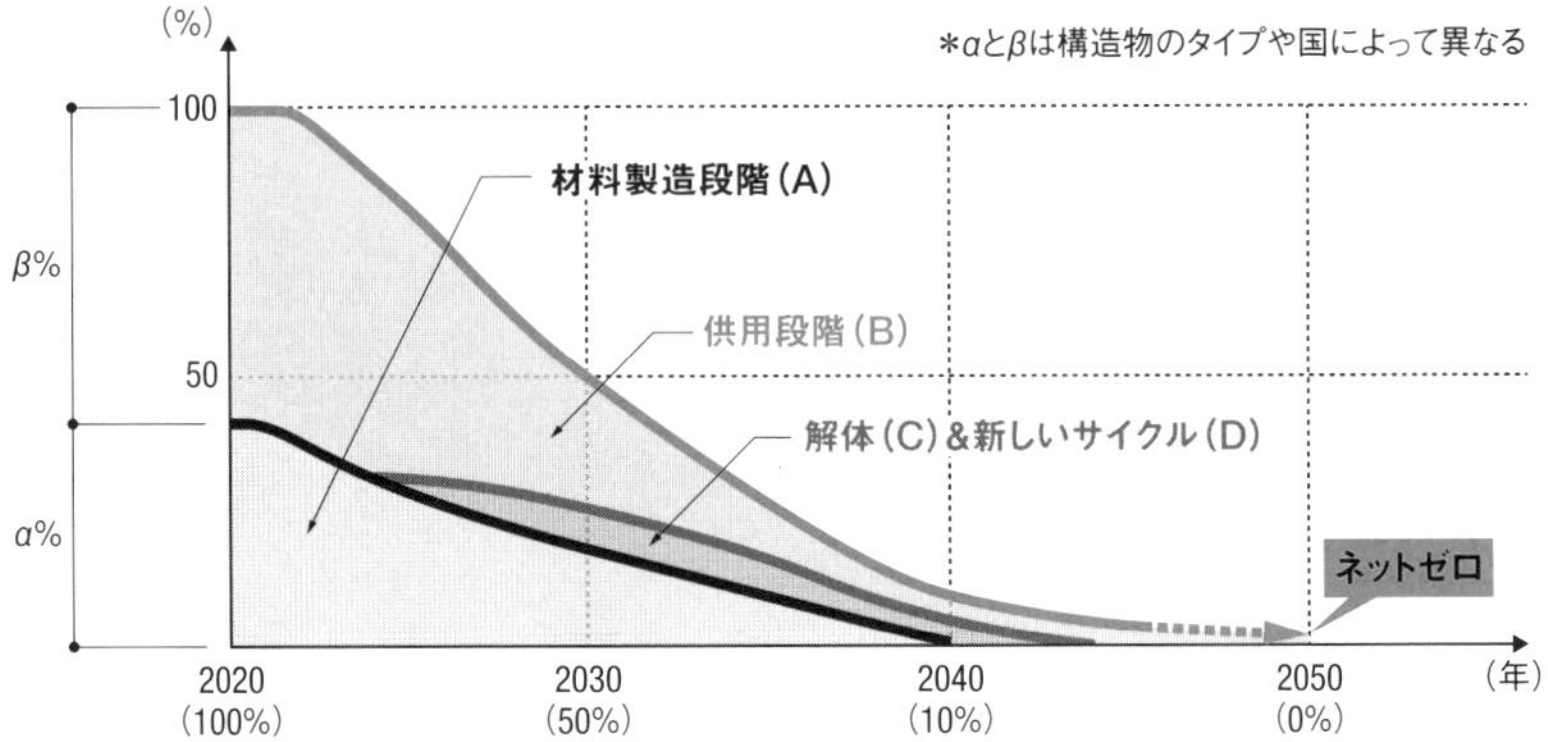

図7-4 各段階におけるコンクリート構造物の低炭素技術

［現在使用可能な低炭素技術］

	解決策
材料製造段階（A）	構造の軽量化
	低炭素コンクリート
	FRP補強材、緊張材
	繊維補強コンクリート
	プレキャスト工法
供用段階（B）	FRP補強材、緊張材
	エポキシ樹脂塗装鉄筋、非鉄補強鋼材
	構造の強靱化
	急速施工
解体（C）、新しいサイクル（D）	解体が容易なアンボンド鋼材を使ったプレキャスト工法
	リユース、リサイクル
	部材のモニタリング

［開発が必要な低炭素技術］

	解決策
材料製造段階（A）	低炭素ボイラーによる養生
	リーンコンストラクション
供用段階（B）	コンクリートによるCO_2吸収量のシミュレーション
解体（C）、新しいサイクル（D）	再製品化（リマニュファクチャリング）
	部材再利用のための標準化
	解体した部材のアセスメント

り壊しや建て替えは最後の選択肢であると考える。そして、別の機能で再利用する方法も考慮に入れなければならない。また、既存の構造物については、補修・補強時から耐用年数終了時までのＬＣＡを計算する必要がある。これは、補修・補強が工事でありCO_2を排出するからである。特に地震国では、地震による構造物の損傷を最小限に抑え復旧などに伴うCO_2排出量を削減するために、耐震化すべきである。製造段階と供用段階のCO_2排出量の比率は、構造物のタイプや国ごとに違うが、とにかく２０３０年までに半減するには、悠長に構えてはいられない。**図7－4**に示す、すぐ使える解決策はもちろんのこと、特にＬＣＡの最適化に資する技術開発は待ったなしで取り掛からなければならない。

欧州と比べて周回遅れの日本

ちなみに他の国際学会の動きに少し触れておく。ＡＣＩ（American Concrete Institute：米国コンクリート学会）は２０２２年、コンクリートのカーボンニュートラルを教育するＮＥＵプロジェクトを始動した。米国の事業者たちは材料製造段階の低炭素化を要求し始めており、その対価を支払う用意があるとのことである。そして*ｆｉｂ*と同様、コンクリートのカーボンニュートラルには耐久性が鍵であると捉えている。

もう１つの国際学会であるＲＩＬＥＭ（Réunion Internationale des Laboratoires et Experts des Matériaux, systèmes de construction et ouvrages：国際材料構造試験研究機関連合）は、石

灰石と焼成粘土の混合物をベースにした新しいタイプのセメントを使う「L^{3}Cプロジェクト」を柱に、カーボンニュートラルを推進する（詳細は166ページ参照）。RILEMも耐久性をキーに位置付けている。

翻って日本であるが、これらの欧州の動きに比べて周回遅れである感が否めない。建設のカーボンニュートラルは産官学の総力を挙げて取り組むべき課題のはずであるが、残念ながら学協会を見ても基軸となる動きが見えてこないのが現状だ。

chapter 7-2

日本の低炭素技術の海外展開に向けて

土木と建築の壁で共通基準の整備が難しい

実際のところ、日本の低炭素技術に関する動きはどうか。またそれらをどう国際的に展開していくべきなのだろうか。

筆者は、土木学会の２０２２年度会長プロジェクトで、土木グローバル化総合委員会の国際展開プロジェクト形成検討小委員会に参画した。国際展開のテーマは「日本の低炭素技術」である。２０２２年5月22日には、「低炭素社会に向けたインフラのチャレンジ」と題して、小委員会での議論を総括するシンポジウムを開催。国内の低炭素社会に向けた動きを紹介するとともに、オランダからインフラ・水管理省の循環経済アドバイザーのバーバラ・クイパース氏を招いて、基調講演とパネルディスカッションを実施した(4)。

材料製造段階の低炭素技術として日本は、経済産業省のグリーンイノベーション基金でコンクリートの低炭素化、脱炭素化のプロジェクトを進行中である。しかし、これと同じような研究・開発は世界中の様々な機関においても実施されている。その代表格が、スイス連邦工科大学ローザンヌ校のＬ^{3}Ｃ（Limestone Calcined Clay Cement）である(5)。

L^3Cは、石灰石と焼成粘土の混合物をベースにした新しいタイプのセメントで、CO_2排出量を最大40％削減できる。豊富に入手可能な石灰石と低品位の粘土を使用して製造されるため、インドをはじめ世界25カ国で約40のセメント会社が取り組んでいる。

日本の脱炭素コンクリートはCO_2吸収量の絶対量を把握しやすいので、日本コンクリート工学会がＪＩＳ（日本産業規格）化を目指している。そして、この動きは是非ＩＳＯ（国際標準化機構）化して世界に展開してほしい。低炭素コンクリートは、ＥＰＤの認定を取り、調達した施工者が事業者にCO_2排出量を引き継ぐことで、サプライチェーンで把握できる。従って、世界で展開するにはＥＰＤの取得は必須である。

コンクリートの低炭素化は、無機化学の世界だ。残念ながら日本は、過去に有機化学へと研究の重心を移したので、土木の分野に無機化学の研究者、技術者は非常に少ない。そして、低炭素コンクリートを開発しても、すぐに海外展開できるわけではない。基準が整備されていないためだ。ここでも日本の弱点、つまり土木と建築の壁が立ちはだかるのである。

*fib*モデルコードやユーロコードはいわゆる「ビルディングコード」なので、土木構造物や建築物のどちらにも適用される。しかし、日本は土木と建築で基準が異なり、土木も道路、鉄道、港湾構造物など細分化されている。そのため、例えば道路橋に適用できる基準だけ整えても不十分なのである。これを解決するには、土木と建築で低炭素コンクリートに特化した共通の基準を整備しなければならない。日本が本気で低炭素コンクリート技術の国際展開を図るのであれば、土木学会と建築学会、経済産業省が低炭素コンクリートに特化した海外で通用する基準を整

備して、ＩＳＯ化しなければならない。つまり、これが出発点となる。

そしてもう１つ重要なことは、そもそも低炭素化を目指しているので、日本から材料を輸出しては意味がない。日本の低炭素コンクリートのレシピで、展開する国の材料を使って初めて成り立つスキームなのである。技術移転になるのでＪＩＣＡ（国際協力機構）のファンドを使って、その国の材料に合ったレシピの修正を支援することも必要であろう。そのためにも、現地の大学を巻き込んだ技術移転が必要である。

また、低炭素コンクリートを導入しやすい現地のプレキャスト製品の製造者にまず的を絞ることも考えなければならない。さらには、低炭素コンクリートを本邦技術活用案件（ＳＴＥＰ）にすれば、日本のゼネコンがＥＰＣ（設計・調達・建設）で参加することも可能になる。これらのためにも、海外で通用する基準化が必須なのである。

もちろん、ＰＰＰ（官民連携）事業が盛んな国では、この低炭素技術を使った事業はＥＳＧ（環境・社会・企業統治）投資となり、民間資金の調達がより有利になる。

強靭化のスキームや超高耐久構造を世界に

供用段階の低炭素技術として経済産業省は、防災の面で日本のスキームの国際展開を支援しようとしている(6)。第４章で述べた、防災で削減されたＣＯ$_2$排出量の金融商品化(7)は世界のどこにもない発想なので、ＣＯＰ（Conference of the Parties：国連気候変動枠組条約締約国会議）でのアピールを目標にしている。そして、将来的にはこのスキームを国際機関の資金活用などを含めた気候変動関連施策と連携し、国際標準に仕立てるつもりなのだろう。

実現すれば日本発の国際金融における標準となるが、それには気候変動の適応分野としてＥＵ（欧州連合）のタクソノミーに当てはまる必要がある。タクソノミーとは、サステナブルファイナンスの対象となる持続可能性に貢献する経済活動を分類したものである。防災で削減されたCO_2や経済損失を的確に推定する手法、適用事業からの期待キャッシュフローを生み出す仕組みを整えなければならない。全く新しい挑戦になるので、是非日本が主導してほしい。

災害は供用段階のイベントなので、そのCO_2排出量削減の責任は事業者にある。インフラであれば国土交通省や自治体、高速道路会社、鉄道会社である。今まで民間投資が難しかった強靱化事業自体がＥＳＧ投資の対象となり、最後まで残されてきた適応（Adaptation）策の金融商品化が可能であることは第４章で示した通りだ。ＰＦＩ（民間資金を活用した社会資本整備）やＰＰＰなので、やはり国交省が主導し、世界に強靱化のスキームを展開する素地づくりを担ってもらいたいと考える。

そして、供用段階の一番重要な低炭素技術が、保全を最小限に抑えることができる超高耐久な構造である。第４章で日本では、アラミドＦＲＰを使ったノンメタル橋が既に建設されていることを述べた。ＣＦＲＰ（炭素繊維強化プラスチック）を使った技術はドイツでも実用化の段階にある。

供用段階は構造物が対象になるので、国際的な基準化のハードルはそれほど高くない。ドイツは、ＣＦＲＰと高強度コンクリートを使って部材の軽量化を図り、全体的なCO_2排出量を抑える戦略のようだ。日本は、国産のアラミドＦＲＰとゼロセメントコンクリートを使えば、材料製造段階と供用段階で80％以上のCO_2排出量を削減できる。そして、アラミドＦＲＰだけ輸出すればゼロセメントコンクリートは現地調達が可能である。

現在のところ競争力のある低炭素技術だと思われるが、悠長に構えているとすぐに他国に追い付かれる。「1社だけの独占技術は使えない」といって国際展開を躊躇していては、せっかくの日本のアドバンテージを生かすことができないばかりか、日本の技術が世界標準となる稀有なチャンスを逃すことになる。国が支援する代わりに、1社の技術を開放させればいいのである。国の利益になるために、国策として取り組んでほしいと願うばかりである。

日本発の橋梁技術の国際展開 ―エクストラドーズド橋―

横浜港に架かる有名な横浜ベイブリッジは、斜張橋という橋梁形式である。支間長が200mから1000mという広範囲にわたって、戦後から世界中で数多く採用されてきた。一方、1988年にフランスの橋梁エンジニアが「エクストラドーズド橋」文献(1)という新しい橋梁形式を世界に提唱した。それは、桁橋と斜張橋がそれぞれ経済性を発揮する領域のギャップ、つまり支間長150mから250mにおいて経済的に有利になるというものであった。そして、その橋の建設は何と日本が世界に先駆けて1994年に実現したのである。神奈川県小田原市の小田原港に架かる小田原ブルーウェイブリッジだ（**図1**）。コンセプトの提唱はフランス人であるが、実橋では日本発、世界初という過去に例のない快挙であった。

図1 ● 小田原ブルーウェイブリッジ

筆者は5橋のエクストラドーズド橋梁の設計、施工、技術開発に携わることになり、日本ではその経済的な優位性から建設が大いに進んだ。加えて、筆者はこの新形式の橋梁を積極的に国際会議で発表してきた。国内外のエクストラドーズド橋の実績と、筆者の国際論文の発表数を**図2**に示す。エクストラドーズド橋の建設実績は世界で250橋を超え(2)、日本はもとより、中国、欧州、アジア、インドなど様々な国で建設されている（**図3**）。日本発の橋梁形式が世界でこれだけ広まったことは過去にはない。そして、筆者が所属する国際学会である *fib*（国際コンクリート連合）では、エクストラドーズド橋に関する日本の設計基準が委員会報告として出版されている。

世界中でここまで広まった理由は、やはりその経済的優位性である。それを調べたのが

図2 ● エクストラドーズド橋の実績と国際論文発表数（出所:文献(2)を基に筆者が作成）

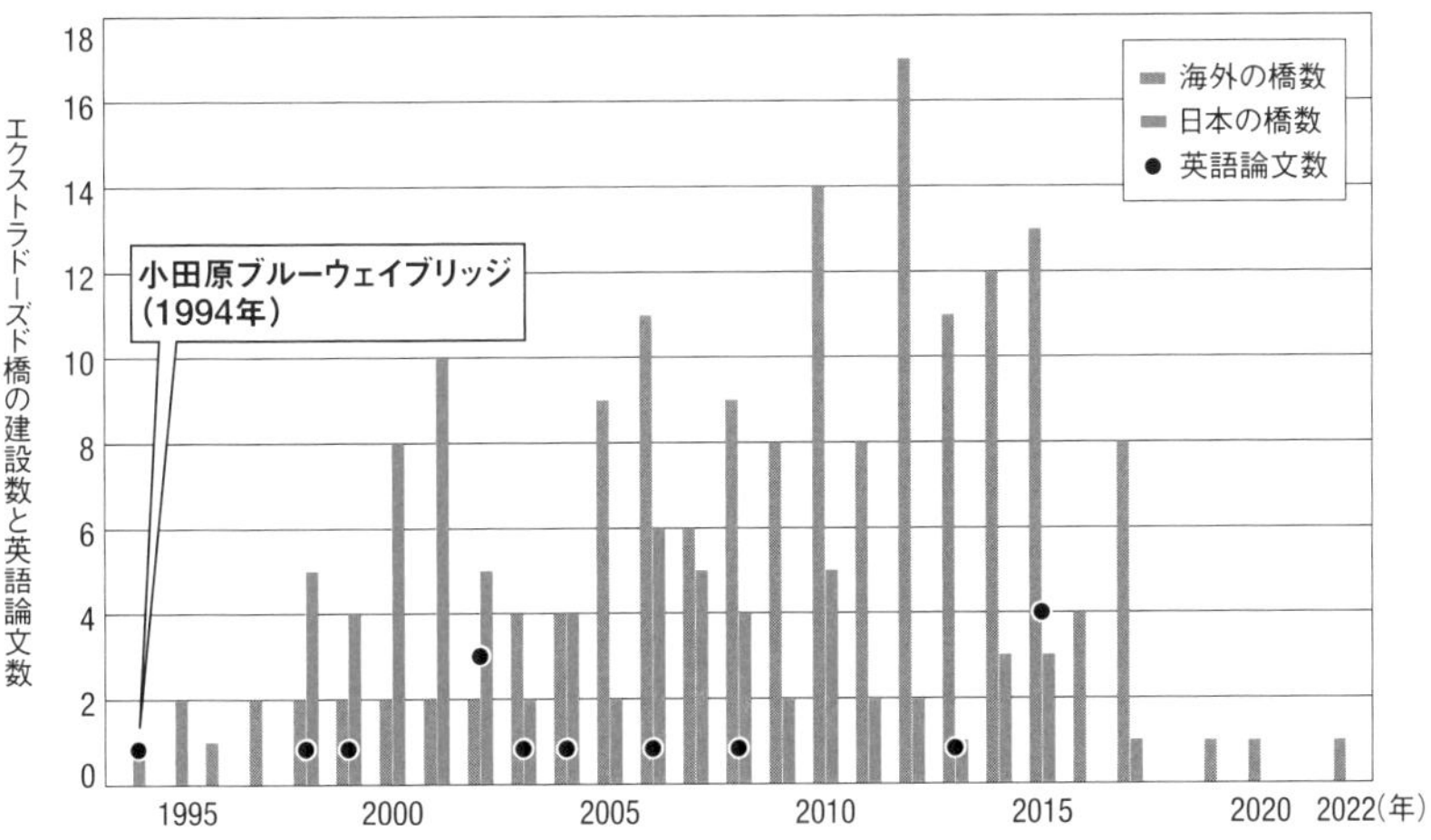

図4[3]である。第2章でCO2排出量は工事コストと強い相関があることを示した。橋脚や基礎を含まない上部工のコストから計算すると、文献[4]より、支間長100mの箱桁橋の工費（上部工）が410千円／㎡、支間長200mで3タイプを比較すると、

エクストラドーズド橋：

410÷1000×1.7×400tCO2／億円＝2.8tCO2／㎡

桁橋：

410÷1000×1.8×400tCO2／億円＝3tCO2／㎡

斜張橋：

410÷1000×2.2×400tCO2／億円＝3.6tCO2／㎡

非常にラフな計算であるが、エクストラドーズド橋は、桁橋より7%、斜張橋より12%CO2排出量を低減できることになる。つまり、経済的優位性があるということは、CO2排出量も少ないということである。ちなみに、小田原ブルーウェイブリッジの時に開発した、斜材の振動を制御する超高性能な高減衰ゴムダンパーは、日本のメーカーしか製作できないが、世界でも採用された。その実績は2023年時点で国内が68橋、海外が25橋となっている。また、この高減衰ゴムダンパーはその後、戸建て住宅用の制震装置としても開発され[5]、国内実績はOEM（相手先ブランドによる生産）も含めて20万棟を超えるという。2016

図3 ● 国別エクストラドーズド橋の実績（出所:文献(2)を基に筆者が作成）

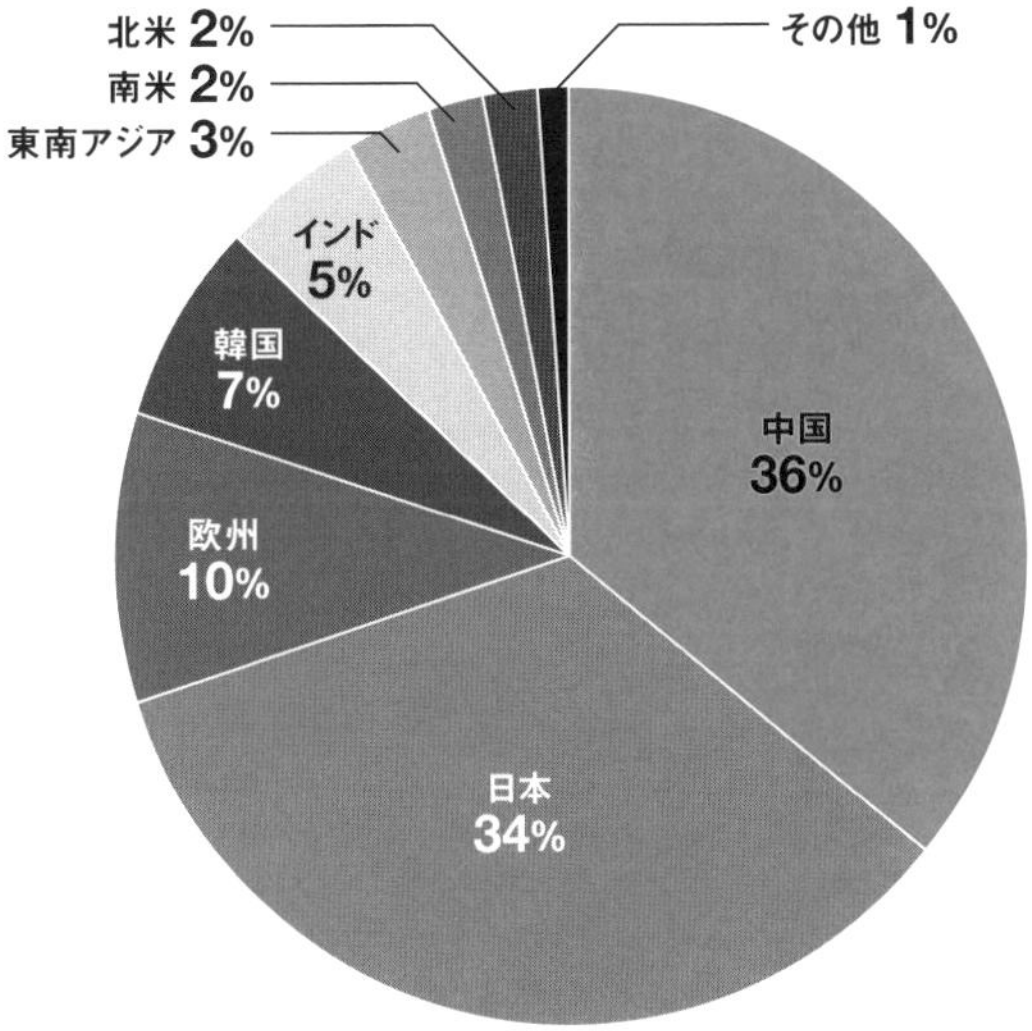

図4 ● 桁橋、斜張橋、エクストラドーズド橋のコスト指標比較（出所:文献(3)を基に筆者が作成）

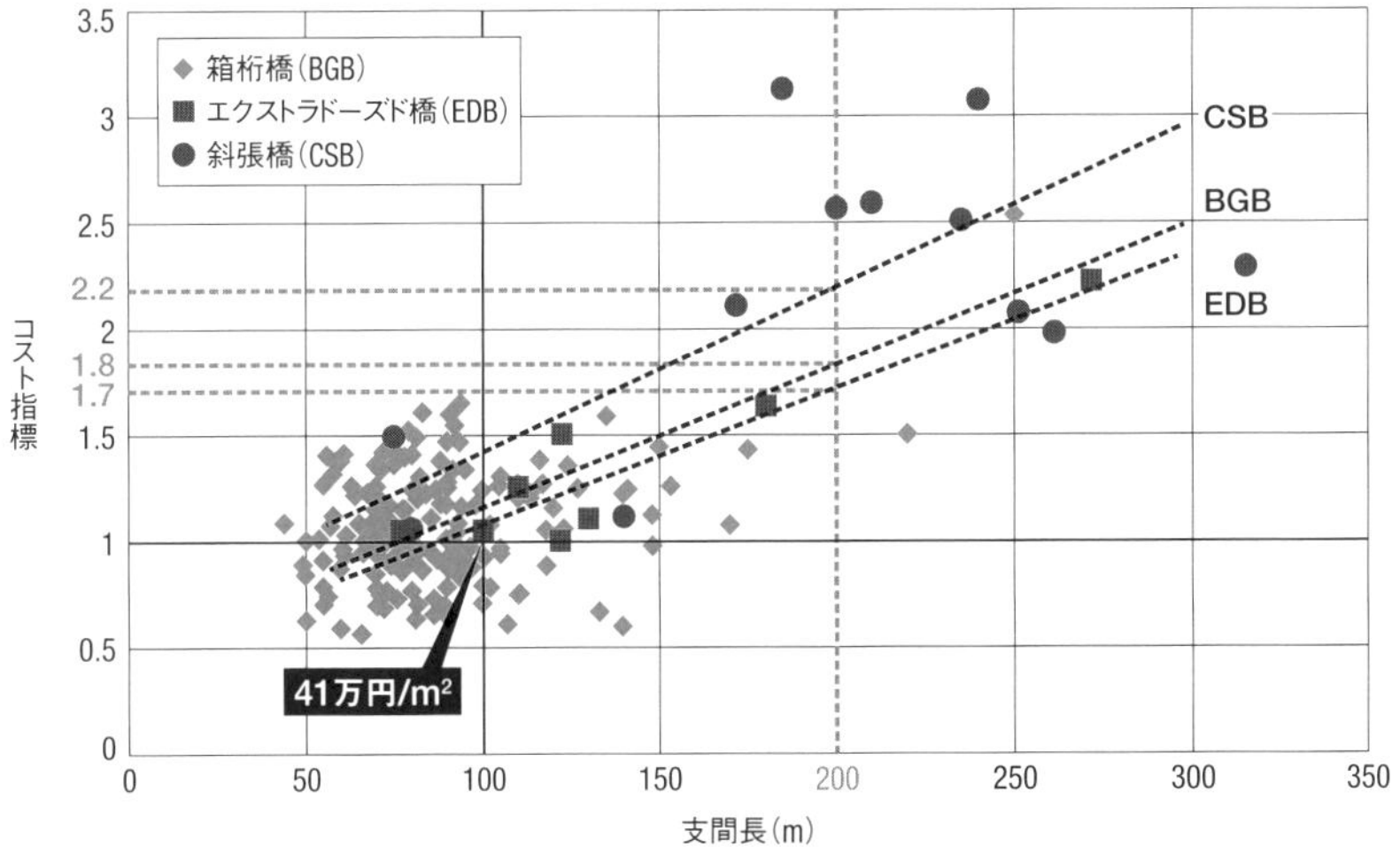

年の熊本地震ではこのダンパーを取り付けた住宅100棟以上、2024年の能登半島地震においては約300棟がすべて健全であったという話をメーカーから聞いた。小さな装置だが、建築物のサステナビリティにも役に立っているということである。

小田原ブルーウェイブリッジの建設から30年。新しい観点からエクストラドーズド橋の再評価を行ったが、これからの橋梁形式の選定において、このような経済的側面に加えて、環境的側面からも最適化することが重要になる。社会に有用で、そのサステナビリティに貢献できる技術は、大いに世界に発信して、国際的に展開できるように心がけるべきである。

第8章

カーボンニュートラルと経営戦略

chapter 8-1

DX・SXとカーボンニュートラルとの関係

DXでリアルタイムに経営を可視化

DXやSXの「X」はtransformation（トランスフォーメーション）で「変化、変形」を意味する。映画化された日本のアニメの「トランスフォーマー」で車からロボットへ変身したように、全く別物に変わらなければならない。そして、デジタル（D）もサステナビリティ（S）もそのための手段に過ぎず、根幹には企業の「何を」変身させるのかという戦略が必要になる。

建設産業であれば、そのサプライチェーン全体にわたって低炭素、脱炭素を目指し、2050年のカーボンニュートラルを達成する方策すべてにDXとSXを取り入れていかなければならない。従って、建設産業が今までのフロービジネスにとらわれることなく、事業主体でストックビジネスを展開することになれば、供用段階のCO_2（二酸化炭素）排出量が自らのスコープ（Scope）1、2となり、全く違った対応が求められることになる。

2050年に向けたカーボンニュートラルは、今まで誰も取り組んだことのない価値の創造と転換である。そして、このことが業態の殻を破る起爆剤となり、常にDXとSXが両輪となって企業の経営戦略として機能する。広範囲にわたる建設のサプライチェーンは、そのプレーヤーが全体を自分事としてカーボンニュートラルに貢献し、建設産業が排出するCO_2を削減していくことで自らの企業価値を高めることが、変身させるべき「何を」に相当するのではないだろうか。

図8―1に、今のカーボンニュートラルの流れの中で、これから建設産業が目指すべき業態の一例を示す。重要なことは、DXで管理部門も含めてリアルタイムに経営を可視化することである。できるだけ人の手を介さないで、工事の原価管理を行う必要がある。物流では２０２４年問題で輸送能力が14％不足する可能性が指摘されており、生産性向上の好機と捉えているようだ。

建設も同じ問題を抱えるが、生産性にどのくらい影響を与えるのかということがなぜか明確になっていない。これでは向上させる生産性の目標が立たない。建設は直近の２０２４年問題

図8-1 ● DXとSXによる建設業の新しい業態

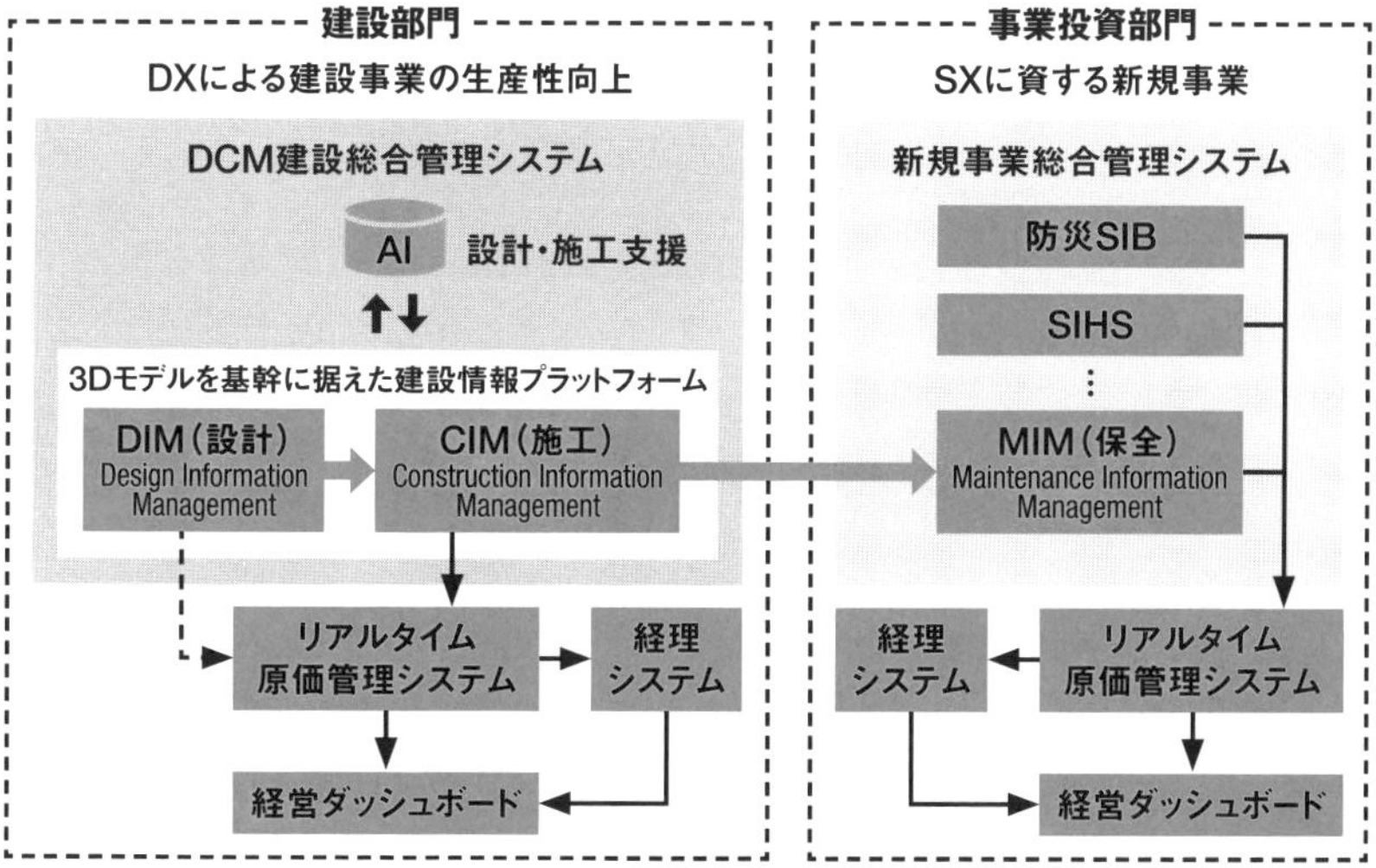

だけでなく、それ以後の将来の担い手についてシミュレーションを行い、目標とする生産性向上の度合いを明確にすべきである。同時に、担い手は技術者と技能者なので、両者をどう確保していくかを考えなければならない。

生産性向上はＤＸだけでなく、プレキャスト化も有効である。ＤＸやプレキャスト化は、きつい、危険というイメージを大きく変えることができ、若手の確保の一助となるであろう。筆者の会社では２０２１年に「建設ＤＸ２０３０」文献(1)という動画を製作（図8－2）。現在開発中の技術、これから開発する技術を取り入れた近未来の現場の姿をイメージした。２０３０年と２０４０年は

図8-2 ● 建設DX2030の1コマ（出所：三井住友建設）

技術者の年齢構成で現在2つの山を形成している世代（50歳代、40歳代）がそれぞれ退職を迎えるといわれている。それまでに、入社5年目でもベテラン所長と同等の仕事がこなせるＡＩ（人工知能）支援システムを構築していかなければならない。

建設と投資で部門を分ける

気候変動に対応した経営は不可避であり、事業変革を余儀なくされる(2)。そして、企業としての成長を生み出す方策の1つが、ＳＸに資する新規事業の展開を図ることである。ＳＸは新規事業の宝庫であり、誰もがスタートラインにまだいるので、チャンスである。ただし、ストックビジネスとなる新規事業は、これまでのフロービジネスの建設と違う経営手腕が求められるので注意が必要だ。ＳＸによる建設周辺での事業投資は、自らの技術を携えることが大きなアドバンテージとなる。そして、将来的にはスペインの総合建設会社であるフェロビアル（Ferrovial）のように、投資家への説明責任を果たすために、利益相反となる建設部門と投資部門を分けて、両方を束ねるホールディングス制へ移行することを考えなければならない。図8－1はそのことを意識した図になっている。

chapter 8-2

DXによる生産性向上

まずはデータの質の統一から

建設業は一品生産であり、重量物を取り扱うため、製造業レベルの生産性を実現するのは非常に難しい。図8-3に示すように、2010~2012年の米国の労働生産性を100としたときの日本の業種別生産性[3]を見ても分かる。建設業は米国の約85%となっており、他の業種に比べると差が小さい。しかし、その後2015年には73%と差が開いてしまう。ちなみに2015年のドイツは94%、英国は68%、フランスは113%となっている[4]。他産業に比べて労働生産性の差が小さいという傾向は、建設が一品生産であるが故であり、万国共通なのである。

DXの最終目標は生産性の向上である。そして、デジタル化にはデータが不可欠である。しかし、建設産業が保有するデータは大半が紙ベースで、それも個人の所有となっている。このアナログデータを単に労力をかけてデジタルに変換しても、そもそもデータの質のばらつきが大きいために、デジタルデータとしては適さない。建設業のデジタル化には膨大なエネルギーが必要となるが、まずデータの質を統一するために、現場の様々なデータを人の手を介さないICT（情報通信技術）で集めることから始めなければならない。均一な質のデータが蓄積されて初めて、

ＡＩによる施工支援システムの構築に取り掛かることができる。

　現段階で建設の生産性を推し量る指標の１つとして、現場の延べ労働時間を工事費で割ったものがある。**図8-4**は２０１３年を１００としたときの、２０２２年までの建築工事と土木工事の指標の推移だ。いずれも国内の実績である。２０２２年後半から物価上昇の影響が出てきたとはいえ緩やかな右肩下がりで、２０１３年に比べて土木が約60％、建築が約70％と生産性が向上している傾向が見て取れる。この傾向は他の文献でも示されている(5)。

　しかし、現場にＩＣＴが少しずつ普及していったとはいえ、その要因の分析は難しい。筆者が現場にいた１９９０年から２０００年ごろまでは確かに「１万時間／億円」が１つの目安であったが、現在は「約

図8-3 ● 日米産業別労働生産性比較（出所：文献(3)を基に筆者が作成）

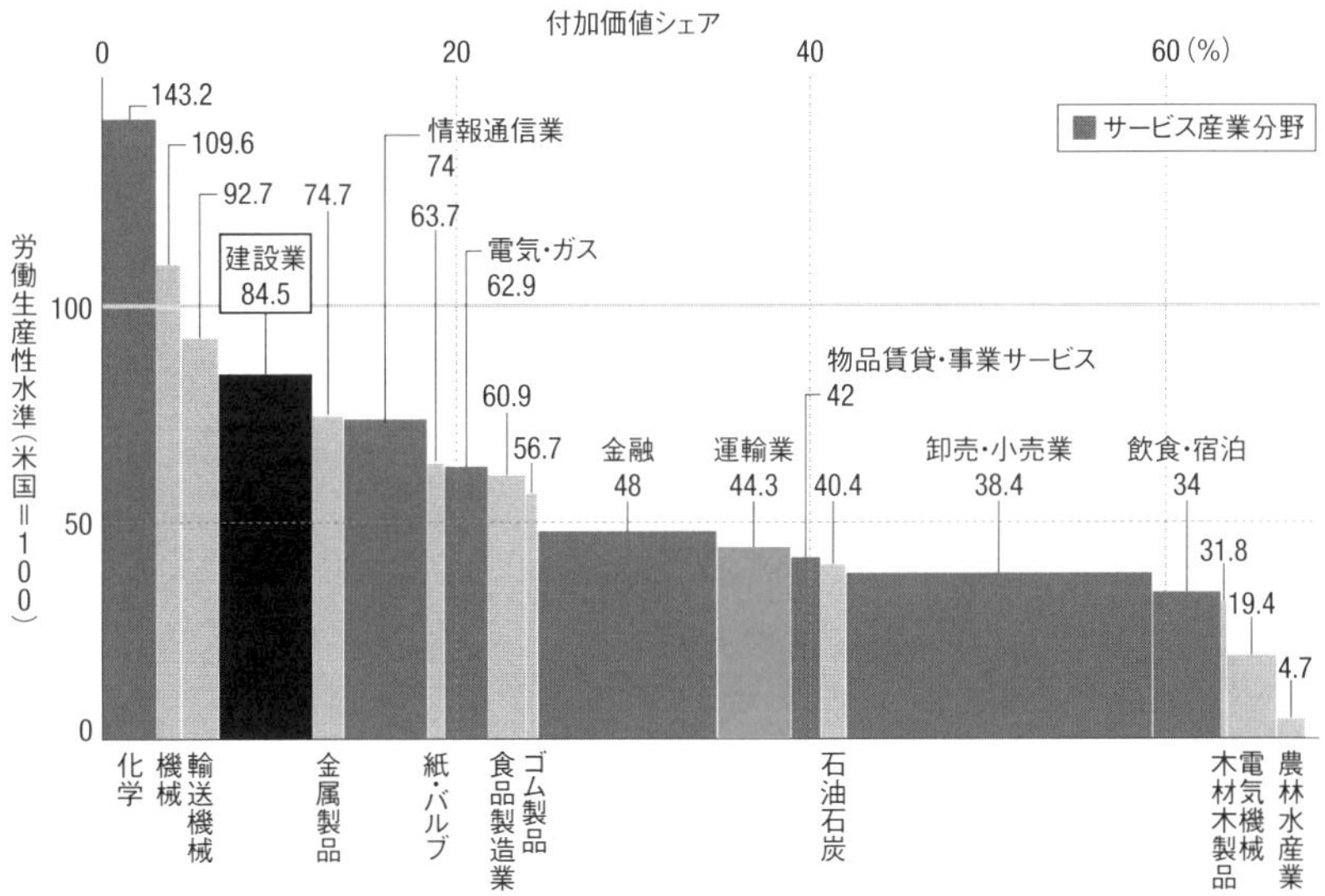

7000時間／億円」である。橋梁やトンネルはさらに生産性がよく、「5000～6000時間／億円」である。

生産性の高い工事は、現場周辺の社会活動に与える影響を最小化できる。そして、いずれこの影響によるCO_2排出量を定量的に把握できるようになれば、直接的な工費だけでなくプライシングされたCO_2排出量を考慮した最適化が可能になる。

2040年には生産性を60％向上させる必要

DXの要は現場のデジタルツインだと考えている。3Dモデルを基軸として、設計、施工、維持管理までを一気通貫でマネジメントできるシステムの構築、DCM（Design, Construction and Maintenance Management）が不可欠だ(6)。

図8-4 ● 現場の延べ労働時間／売上の推移（出所:三井住友建設）

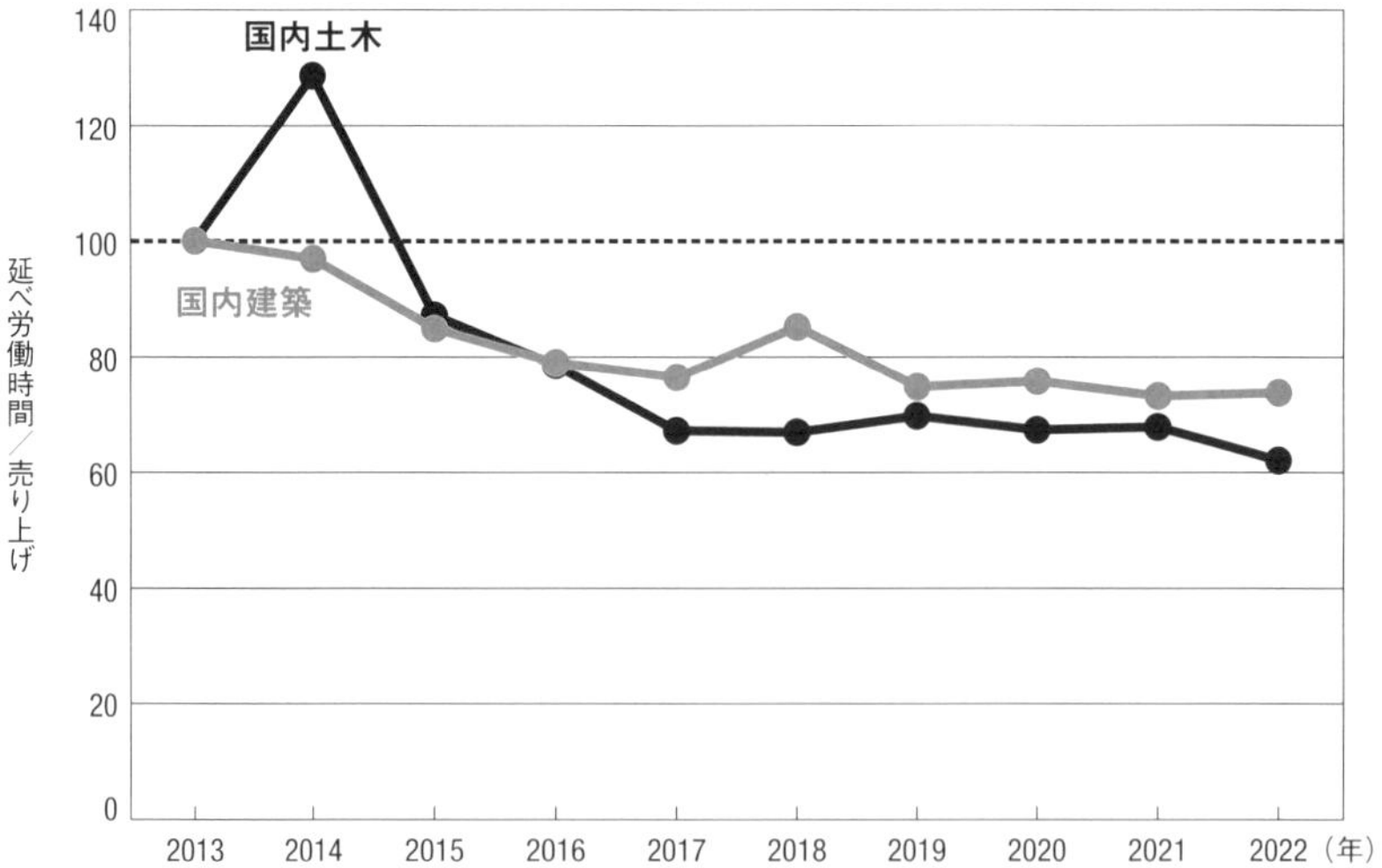

3Dモデルに時間軸を加えた4D、毎日の原価を取り込む5D、毎日の排出したCO_2が逐次追跡できる6Dと、各データを管理者に引き継ぎメンテナンスのデータを蓄積する7D、そして安全管理に活用しリスクを低減する8Dと、世界のレベルはこの域に到達しようとしている。

現場では、人の位置情報とそれに連動した作業内容、常にアップデートされるリアルの3D点群データ、技術者と作業員が身に着けたカメラによる映像など膨大なデータが蓄積されていく。そして、施工前にシミュレーションされたデータを常にリアルのデータで修正しながら、最終的には施工支援AIの教師データとなるのである。

また、5Dは、原価を原価管理システムと統合することで、工務というプロセスを省略でき、リアルタイムの支出を把握し共有できる。

7Dは、プラントなどの工業施設での設備管理に盛んに使用されている。過去の点検記録や補修、補強の記録を3Dモデルに貼り付けることで、メンテナンスの現場で容易にこれらのデータベースにアクセスできる。

8Dは、安全管理に必要なデータベースを基に、3Dモデルやヒヤリハットと連動した映像などから、空間認識ができるAIの支援が必要である。そして、少なくとも安全設備の不備や不安全行動、施工手順の不履行による労働災害をゼロにすることを目指すべきである。建設産業の担い手不足はこれからますます深刻な問題となっていく。筆者は最低でも、2030年には今の生産性を30%、2040年には60%向上させる必要があると試算している。そして、これは少なくとも現在と同じ工事量を確保するために向上させなければならない生産性なのである。

もう1つの生産性向上の鍵が、プレキャスト化である。プレキャスト工場は、作業内容や作業員が固定されているため、ICTを導入しやすい。また、プラントが設置してあるため、低炭素コンクリートを導入しやすいという利点もある。そして、工場の労働災害発生率が現場より非常に少ないので、工事全体の労働災害発生も減らせ、全体的な生産性向上につながる。

筆者の会社は国内に7カ所のコンクリート工場を持つ。その中の1つで、作業員の位置データと作業内容の自動取得技術の検証を行ったときに、興味深いデータが取れたのでここで紹介しておく。

ある工場の一作業チーム全員の腕に加速度センサーを装着してもらい、加速度データから作業内容をAIで判定した。すると80％以上の確率で、工場での作業内容を自動的に判定することが可能であると分かった。その一環で、「活発度」(7)というパラメーターを取り入れて、一日の活発度と一週間の活発度の累計をそれぞれ示したものが図8－5、図8－6である。午後よりも午前中の活発度が高く、一週間で見れば中日の水曜日の活発度の低下が顕著である。

この調査は2カ月にわたって実施。作業の片寄りはない。細かい生産性とのひもづけは行っていないが、休憩や休日の取り方に工夫の余地があるのではないかと思わせる結果であった。建設の現場は今までは定性的な勘や経験で運営されてきたが、これからはICTによるデータで定量的に作業の質を把握し、もっと科学的なアプローチで生産性を向上させる時代に入っているのである。

図8-5 ● 一日の時間帯による活発度の変化（出所:三井住友建設）

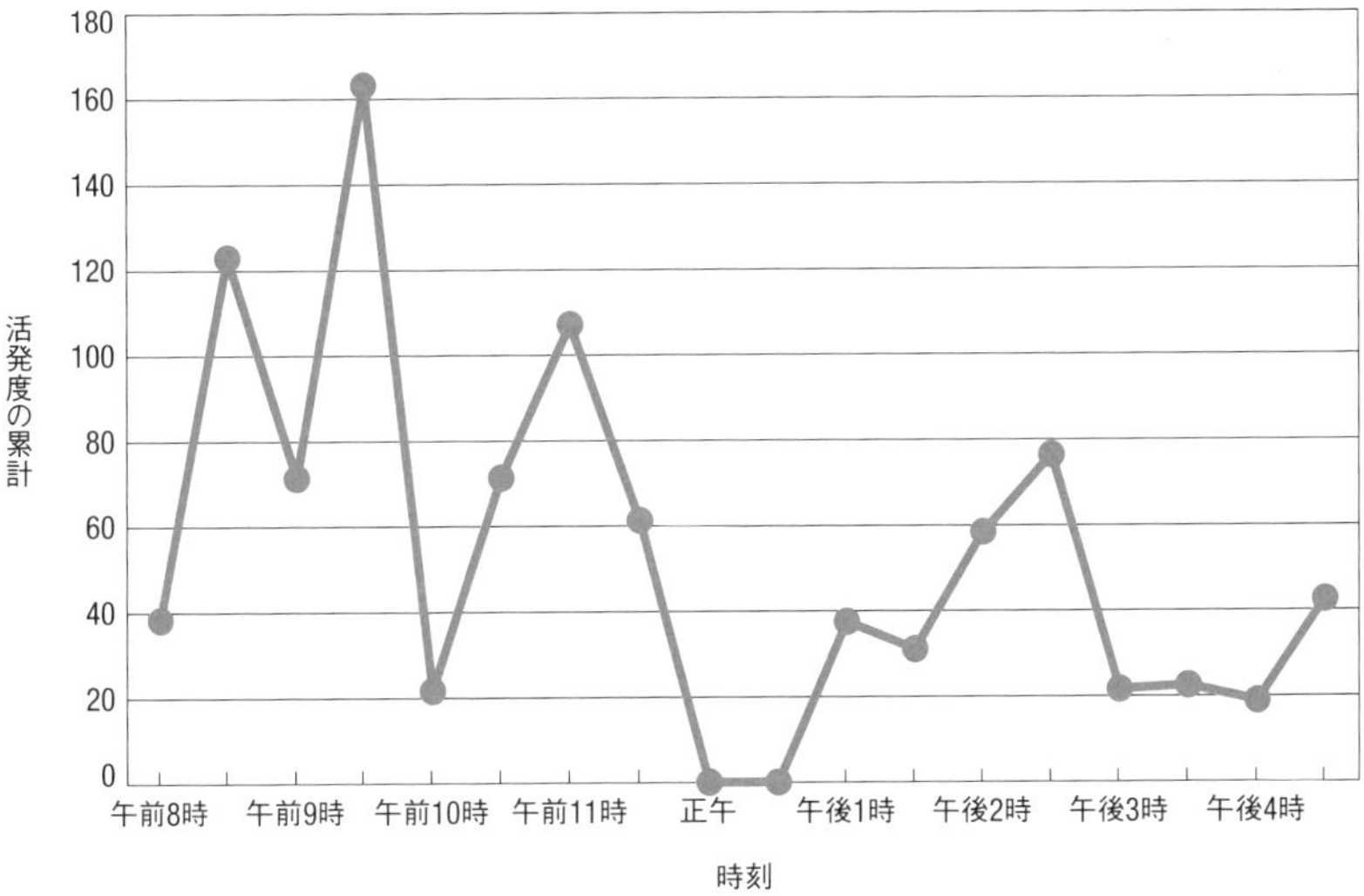

図8-6 ● 一週間の曜日による活発度の変化（出所:三井住友建設）

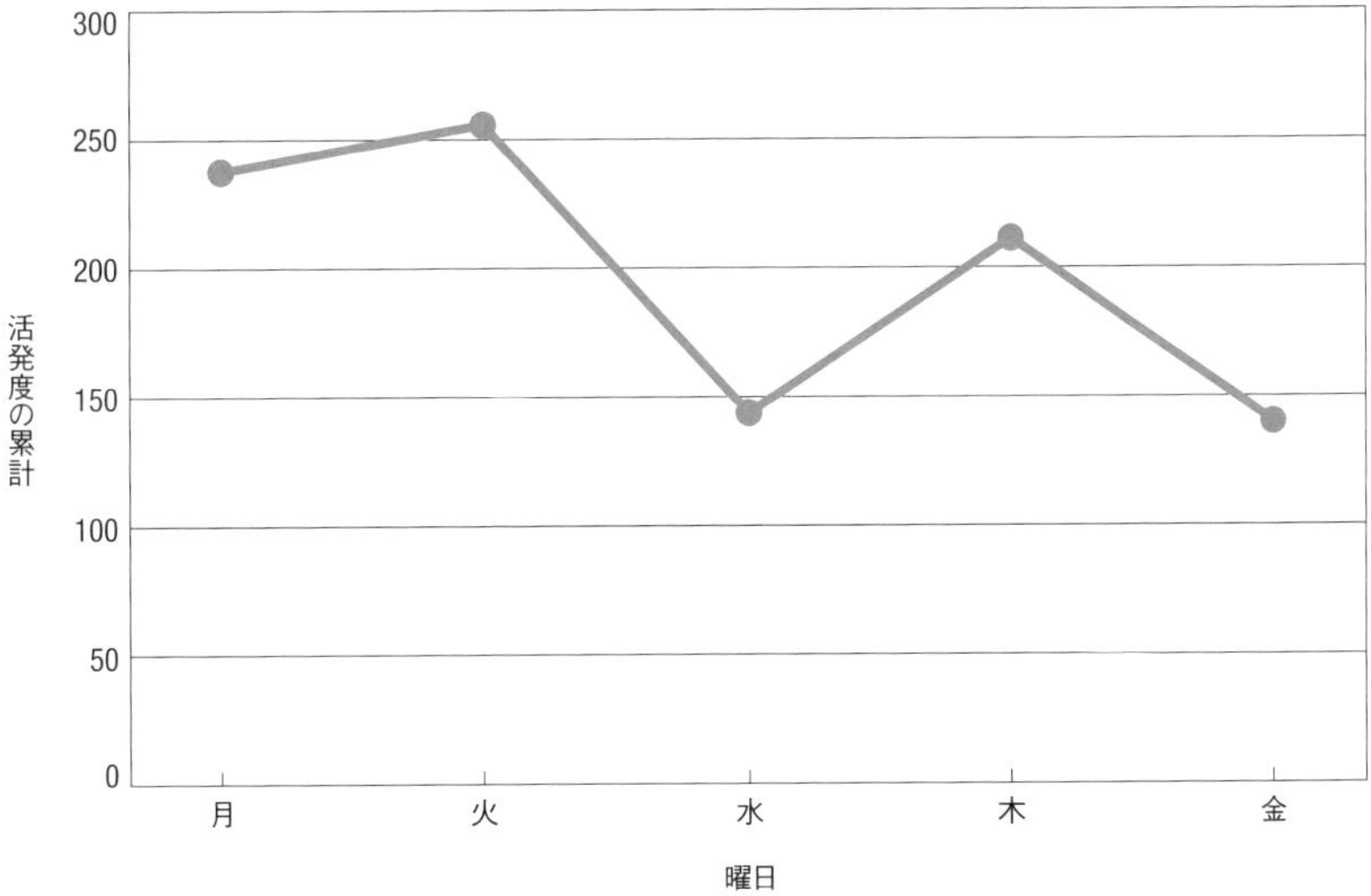

chapter 8-3

SXに資する新規事業

ストックビジネスへ業態変化

近年、公共投資へのＰＰＰ（官民連携）、ＰＦＩ（民間資金を活用した社会資本整備）の活用の必要性が叫ばれてきた。公共投資には「フロー効果」と「ストック効果」があり、前者は雇用や消費の創出による経済効果が、後者には社会資本ストックとして長期にわたって発揮する効果がそれぞれある(8)。例えば、日本の本四架橋３ルートは、開通から31年間の経済効果の累計が41兆円と発表している(9)。全事業費が約３兆円なので、絶大なストック効果である。

しかし、ＰＰＰ、ＰＦＩにとって重要なことはこの経済効果を事前に正確に予測して、投資へのリターンを明確にすることである。現在道路などで用いられているＢ／Ｃ（費用便益費）ではなく、経済モデルによるシミュレーションによって経済効果の一定割合を投資家にリターンとして返す仕組みとその設計が求められる。

もちろん、経済効果は今の技術のままではさらなるCO_2の排出を生んでしまう。そのため、これからの新規事業には進化する低炭素技術、脱炭素技術を活用し、経済発展と低炭素社会の両立を図っていかなければならない。

建設会社のSXは、単に再生可能エネルギー関連の工事を実施したり、スコープ1、2のCO_2排出量を削減したりすることではない。端的にいえば、低炭素、脱炭素技術を用いて事業化することであり、ストックビジネスへ業態を変化させることである。

しかし、この新しい世界は様々なパラメーターがあるため、これまでのマネジメントでは判断できない。つまり、事業者となることでその事業の供用段階のCO_2排出量がスコープ1、2、3でどれくらいになるのか、どのような低炭素技術でCO_2排出量を削減していくのか、CO_2のプライシングはいくらと考えればいいのか、炭素税や再エネ事業の収益はどの程度かなど、いろいろなパラメーターによって事業のキャッシュフローは変化するのである。

新しい事業であればあるほど、市場規模の予測と同様に、CO_2排出量がどの程度になるのかを限られた情報で判断しなければならない。そのため、多くのパラメーターを変えて将来のキャッシュフローを予測できるシミュレーションツールが不可欠になる（図8－7）。

筆者の会社でこのシミュレーションツールを作成して重要な機能だと感じたのが、新規事業のCO_2排出量を想定するときに役に立つ「業種別CO_2排出量の平均値」である。これはCDPが公開しているデータを基に作成したもので、第2章で紹介した図2－7がそれである。企業が排出するスコープ1、2、3のCO_2の量を売り上げ（億円）で割った値だ。CO_2排出量は経済活動と強い相関があるので、将来の事業戦略を練る際にこの指標（tCO_2／億円）は非常に有用である。

SXに資する新しい事業は建設も伴う。しかし、これにはSPC（特別目的会社）とEPC（設

図8-7 ● シミュレーションツールの概念

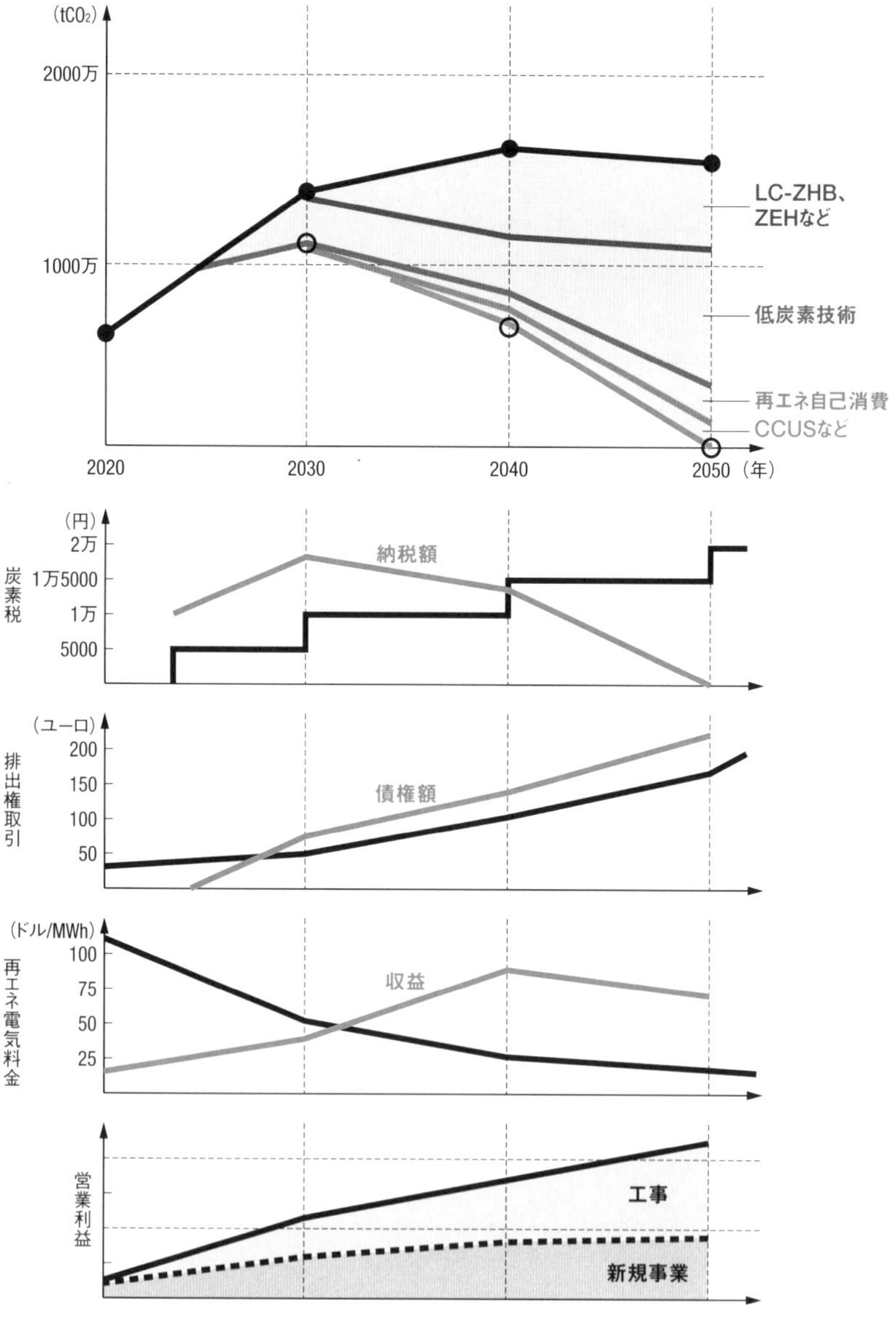

計・調達・建設）の利益相反を避ける必要がある。既に述べたように、ホールディングスの下に建設部門と事業部門をぶら下げて分離し、プロジェクトファイナンスの出資者へ説明責任を果たす組織にしなければならない。第2章で述べたように、構造コンクリートの建設サプライチェーンで排出するCO_2の量は、おおよそ全体の14％に及ぶ。エネルギー由来が含まれるにしても、ここの低炭素化、脱炭素化は巨大な市場である。そして、この市場はESG（環境・社会・企業統治）投資を呼び込むことができる。多くのプレーヤーがいる建設のサプライチェーンは、材料製造、供用、解体、リユースなど多岐にわたり、それぞれのステージでの技術革新が求められている（図8－8）。

建設産業は、造るだけの業態から、投資を伴うSXに資する新市場の開拓という業態へと変わっていけるのであろうか。もちろん挑戦に伴うリスクも負わなければならない。そもそもこの方面にたけた人材は建設産業にこれまでいなかったので、いかに有用な人材を確保していくかが問われる。今叫ばれている担い手確保よりももっと困難な課題である。

図8-8 ● 今後必要な革新技術

建設サイクル	必要な革新技術
材料段階	低炭素コンクリートを用いたプレキャスト化
	高耐久、超高耐久コンクリート構造物
供用段階	民間資金を活用した強靱化に資する経済シミュレーション
	民間資金を活用したインフラ保全に資する経済シミュレーション
	災害によるCO_2排出量のシミュレーション
	コンクリートのCO_2吸収量のシミュレーション
循環型経済	解体が容易なコンクリート構造物
	解体した構造部材のアセスメントとリユースの流通システム

近未来のグリーンな高速物流システム ―SIHS―

車が空を飛んだ後の道路インフラをどうすべきか――。この問いに答えられる人は意外と少ない。車が空を飛ぶ時代はそこまで来ているのに、である。特に、道路事業を担っている民間会社は、その料金収入が減ることになる。世界におけるPPP（官民連携）による道路事業は、その契約において様々なリスクヘッジを盛り込んでいると思われるが、果たして車が空を飛ぶ時代のことまで考えているのであろうか。ましてや、これからの道路事業はこのパラダイムシフト抜きでは成り立たなくなる。

一方で空を飛ぶのは軽量の乗用車であり、物流を担うトラックなどの車両は相変わらず地上の道路に頼らざるを得ない。来るべきこのような時代の高速道路による物流は、どのように変わるのであろうか。1つのアイデアを披露しよう。S－HS（Sustainable & Intelligent Highway System）文献(1)である（図1）。

まず、近未来の高速道路は自動運転トラックの専用道路になると考えられる。現在の車両の自動運転は車が主体であるが、このシステムでは自動運転トラックはすべて全体を管理するシステム下に入り、コントロールされる。つまり新幹線や航空機と同じように、集中制御されるのだ。そして、列車のように多数のトラックがコンボイを形成して連行走行を行い、離脱、合流はすべて集中制御になる。

　また、トラックの位置情報はGPS（全地球測位システム）ではなく、路面に埋め込んだLED（発光ダイオード）が発する点滅がローカルな位置情報を持ち、可視光通信[2]によってトラックがこの情報を得ることができる。これは、本システムの根幹となる位置情報がいかなる時も常に安定して取得できることを意図している。道路の情報は、定点カメラやトラックの車載カメラで取得し、集中制御システムに送られ、トラックはAI（人工知能）による運行支援システムの指示を受ける。

　さらには、地震などの災害時には、例えば橋梁であれば、設置された構造モニタリングシステムでその損傷状態を診断。補修が必要であれば、それまでの間は橋梁部の荷重低減のために、そこを走行するトラックの車間距離を調整する指示が支援システムから出されるというインテリジェントモニタリグも兼ね備える。

図1 ● SIHSの概要とコンセプト（出所:三井住友建設）

この高速物流システムはトラック専用で、システムの外とは完全に隔離されており、荷の受け渡しはロジスティックセンターで高速道路外のトラックとの積み替えを全自動で行うことを想定。もちろん、自動運転トラックは水素エンジンなどの再生可能エネルギーで動き、システムの電力も再生可能エネルギーで賄う必要がある。

そして、道路の建設も、第3章、第4章で紹介した、ゼロセメントコンクリートやノンメタル橋のような低炭素な材料で建設されることになる。このシステムは、24時間、365日稼働し、建設費も保全費用も鉄道に比べるとコストを抑えることが可能である。

そして、技術的には**図2**に示すように、開発が必要な水素エンジンの自動運転トラックと集中管理システム、通信システム

図2 ● システムに必要な要素技術

要素技術		摘要
ICT	道路のトータルコントロールシステム	航空機、鉄道のシステムが参考に
	通信システム1	トラック間
	通信システム2	トラックとコントロールシステム
	ローカルな位置情報システム	可視光通信技術など
ロジスティック	レベル4自動運転トラック	—
	トラックのグリーン燃料	水素
	ロジスティクス	ロジセンター含む
サービス	構造モニタリング	AIによる診断、判定を含む
	道路モニタリング	トラックによるモニタリング
	高速道路のオペレーション	—
サステナビリティ	経済シミュレーション	道路による経済インパクト予測
	LCAシミュレーション	耐久性と余寿命予測
	低炭素な建設	ステージA～Bの脱炭素技術

以外は、現存する技術で賄えるのである。ＥＳＧ（環境・社会・企業統治）投資に合致した未来の道路事業として、特に鉄道があまり発達していない途上国での展開が可能ではないだろうか。

１９０７年にT型フォードが発売されると、わずか6年でニューヨーク5番街は、完全に馬車からフォード車に取って代わった。また、２００７年のｉＰｈｏｎｅの出現によって、朝の通勤電車内から新聞が消えた。破壊的なイノベーションは短期間で世の中を変える力を持っている。まだ様々な解決すべき課題を抱えている空飛ぶ車であるが、これがゲームチェンジャーになることを疑う人はもういない。

第9章

今後の建設カーボンニュートラル

chapter 9-1

CO_2排出量計上のルール作りと第三者認証

注目されるスコープ4

国際的な環境非営利団体であるCDPやSBT（Science Based Target）に賛同して活動を行っている民間企業にとって、サステナビリティに関する非財務情報の公開要求レベルは年々範囲が拡大してきている。いずれも先行する欧州のルールに追従したものであるが、過去の内部統制やガバナンスという世界標準に従ってきた経緯から、今回もこの「グローバル化」は避けられない。そして、民間企業はステークホルダー、特に投資家の見る目がサステナビリティ重視になってきていることを考えると、構造物のLCA（ライフサイクルアセスメント）で自分のスコープ（Scope）1、2だけでなく、スコープ3の取り組みを開示しなければならなくなる文献(1)。

低炭素、脱炭素技術に投資して開発する以上、それ相応の対価で投資を回収することは民間企業として当然の行動である。従って、CO_2（二酸化炭素）排出量の削減に寄与した企業がその果実を享受することは当然である。

一方で、スコープ3のCO_2排出量削減に貢献した場合、誰が果実を得るのかという課題があり、これにはルールが必要である。例えば、高炉スラグなど産業副産物を使った低炭素コンクリートで構造物を建設した場合を考えてみる。鋼の製造におけるCO$_2$排出量はすべて製品で計上するルールになっているが、副産物のカーボンフットプリントはほとんどゼロになる。それを使った低炭素のコンクリート構造物のCO$_2$排出量は、構造物を所有するオーナーがカウントすることになる。そのため、低炭素コンクリートを調達する施工者は、スコープ3への貢献をステークホルダーにアピールできる。

この「削減貢献量」は「スコープ4」と呼ばれていて、現在国内外で議論を引き起こしている。特に、スコープの定義を決めるGHG（温室効果ガス）プロトコルでの議論が待たれる(2)。スコープ3が大半を占める建設にとってこのスコープ4が定義されれば、低炭素化、脱炭素化への取り組みを幅広くステークホルダーにアピールできるようになる。そして、技術革新のモチベーションにもつながるために、これからの動きに大いに注目したい。

セメントや鉄鋼のメーカーは技術開発のために多大な投資をして製品のゼロカーボン化を実現し、その投資は製品の値段にオンしている。そのため下流側のオーナーは、高い構造物を購入することになる。しかし、このシステムが正常に機能するためには、1つ大事な条件が必要だ。それは、カーボンクレジット、つまりCO$_2$の値段が炭素税とほとんど同じレベルにあるということである。

炭素税の目的は、炭素、つまり二酸化炭素の排出量を減らすことにある。もし炭素税がカーボンクレジットよりも安ければ、エンドユーザーである構造物のオーナーは、高い低炭素製品を買うより、排出したCO$_2$の炭素税を払うことを選択するだろう。また、日本のカーボンクレジット市場が海外に比べて安い場合、日本でクレジットを購入して、高い海外市場で売られることになる。これはまさに、幕末期の日本の銀と同じことになる。炭素税を導入して、日本のカーボンクレジット市場を海外と同レベルに引き上げることは、ＣＯ$_2$排出量の削減を促進するだけでなく、企業が前倒しで低炭素技術の開発を選択するインセンティブにも寄与するのだ。

フットプリントのデータベースの整備を急げ

建設サプライチェーンでどのようにＣＯ$_2$排出量が取り扱われるかを、図９－１に簡略化した事例として示す。日本では材料メーカー、施工者、オーナーなど多くの企業が２０２０年の排出量を基準として、２０５０年までのＣＯ$_2$排出量削減のロードマップでＫＰＩ（重要達成指標）を公開している。この事例では、２０３０年の削減目標50％をステークホルダーに公開。そして２０３０年に材料を製造するメーカーの努力が実り、ＫＰＩを大幅に過達したとして1万ｔＣＯ$_2$でＥＰＤ（環境製品宣言）の認証を取得すると同時に、1万ｔＣＯ$_2$をカーボンクレジット市場で売却したと想定する。

その時、調達者である施工者は、1万ｔＣＯ$_2$を売却したことを証明する証明書を受け取り、一方でオーナーは2万ｔＣＯ$_2$として計上しなければならない。なぜなら、売却されたクレジットを第三者が買い取り、それを自社のＣＯ$_2$排出量から差し引いてＫＰＩを達成する場合、ダブルカウントになるのを防ぐ必要があるからである。カーボンクレジットでのやり取りの証明には、改ざんができないようにブロックチェーンを使ったＮＦＴ（非代替性トークン）を用いるアイデアが既に出ている(3)。

２０５０年のカーボンニュートラルは、以前に行われていたように企業や業界ごとにキャップを設定することではなく、個々の企業が２０５０年までのロードマップを公開し、それに沿って展開していく流れが出来上がっている。そして、このロードマップを達成できない企業は投資家から見放されるという厳しい現実に直面するので、各社いろいろと知恵を絞って対応している。その動きを後押しするためにも、炭素税の導入とこのクレジットの透明性がシステムの健全な運用には欠かせないと考えている。

世界にはコンクリートや鋼材のＥＰＤのデータベースがある(4)。米の非営利団

図9-1 ● 建設サプライチェーンでのCO_2排出量計上方法の考え方

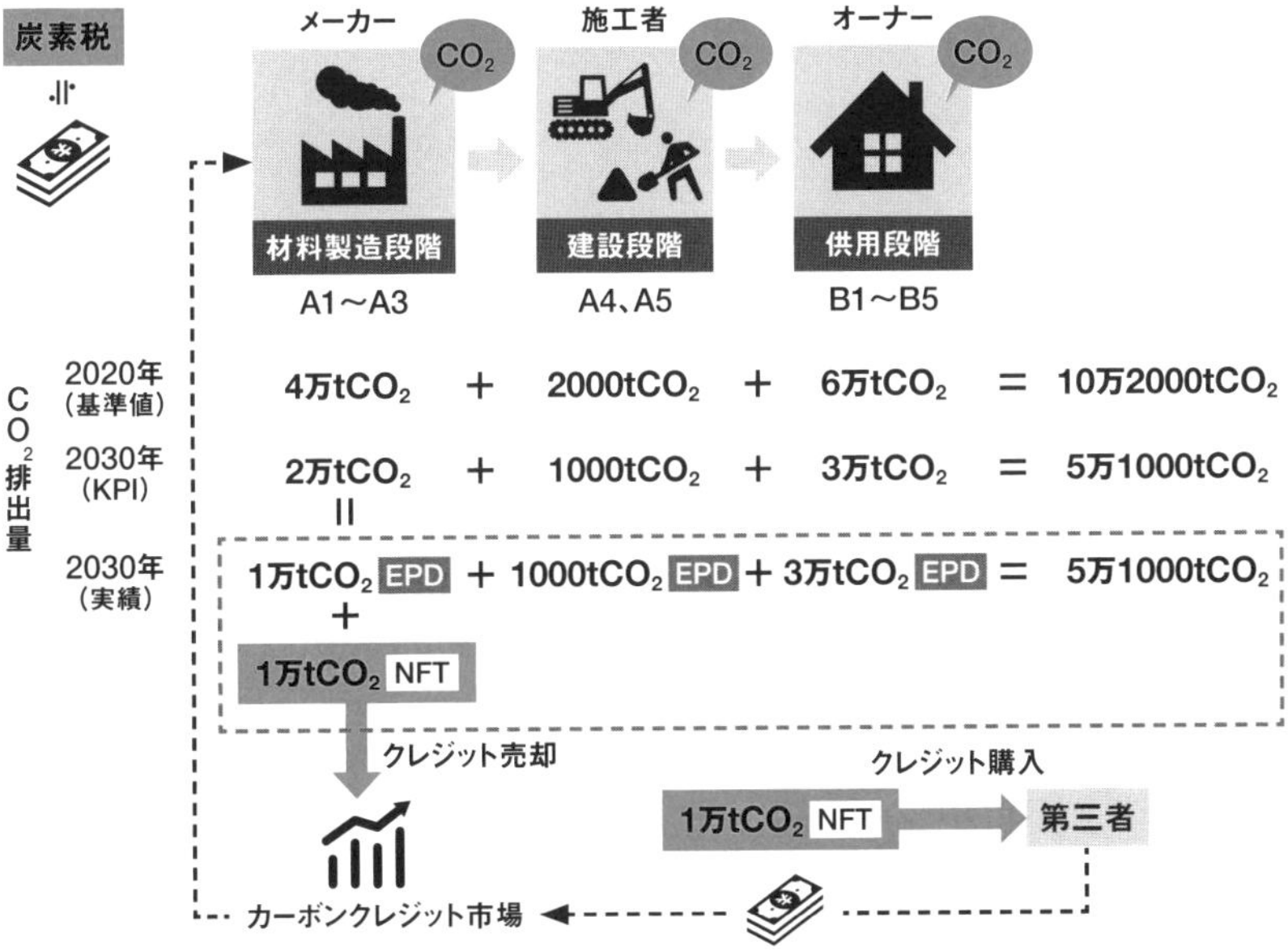

体である Building Transparency が運用するデータベースだ。米グーグル、米メタ、米マイクロソフトなどの名だたるＩＴ企業が支援している。残念ながら日本のデータは、まだほとんど登録されていない。*fib*（国際コンクリート連合）ではこのデータベースでまだ整備されていない構造コンクリートに関するデータを至急そろえて、現存するＥＤＰデータベースを連動させた独自のプラットフォームを構築している。そして、施工法や特殊な低炭素、脱炭素技術に関するデータを整備し、*fib* の会員がワンストップでカーボンフットプリントデータを取得できることを目指す。加えて、どの技術も第三者による認証取得を義務付ける。

これからはこのようなデータベースが整備されないと、設計者はもちろんのこと、施工者や構造物のオーナーはＬＣＡを最適化できないのである。日本の現状を見ると、周回では済まないほど遅れていると言わざるを得ない。*fib* の日本代表は、日本コンクリート工学会（ＪＣＩ）とプレストレストコンクリート工学会（ＪＰＣＩ）である。世界のコンクリート構造物に関するカーボンニュートラルの動きに追随できるよう、もっと積極的に動いてほしいものだ。

２０３０年に *fib* の4年に1回の大きな大会であるコングレスの日本開催が決定している。そしてその場で、各国の会員のカーボンニュートラル達成に向けた成果を披露する特別セッションがセットされるであろう。*fib* のロードマップは、２０３０年に２０２０年比でのCO_2排出量の半減を目指している。あと6年しかない。主催国としての矜持が試されるのである。

CO_2吸収の時間スケール

そして最後に残る課題はコンクリートのCO_2吸収である。コンクリートのCO_2吸収量の計上の仕方は、CO_2がどのくらいの時間スケールで取り込まれるかを考慮すべきだ。これは、建設材料の1つである木材の設計耐用年数を終えた処理をどうするかという問題と同質である。つまり、コンクリートや木材の二次利用、廃棄・処理の方法が確定して、次のサイクルにおけるCO_2吸収量や固定化されたCO_2の排出量を計上する必要がある。なぜならば、CO_2による気候変動の時間軸とCO_2吸収や固定化されたCO_2の開放の時間スケールとが大きく異なるためである。

木材は自然の産物なので、固定化されているCO_2を誰が計上するか、処理によるCO_2排出量は誰の責任かというルールは比較的明瞭である。一方、セメントは製造段階で排出されたCO_2が、そのものではないにしても長い時間をかけてコンクリートが吸収するので、木材と違ったルールが必要だろう。CO_2吸収量をすべてセメントが計上することは無理があるように思える。やはり、構造物の形状や環境による定量的なCO_2吸収量の把握ができるようになれば、それは構造物のオーナーが計上するというルールが真っ当であると考える。

しかし、建築物の設備のように竣工時に60年分計上するのではなく、長い時間をかけた吸収量なので1年ごとに計上することが妥当といえよう。コンクリートによるCO_2吸収量は森林のそれと同じように、コンクリート構造物のネットゼロ達成のために残された手段と考えた方がいいと思われる。

日本のインフラメンテナンスの課題

chapter 9-2

民間包括契約の可能性

コンクリート構造物のカーボンニュートラル実現に関して、一番の課題が既設構造物への対応である。既設構造物の保全は既に述べたように、補修や補強の工事においてその材料や社会的影響でCO_2を排出する。材料はこれからますます低炭素化、脱炭素化が進むので、それらを取り入れていけばよい。一方、最適な保全を行って社会的影響を最小限にとどめたり、人口減少などの社会的要因を予測して、インフラをダウンサイジングしたりする意思決定はしづらい。それを困難にしているのが、特に自治体で顕著になってきている財源不足と技術者の枯渇である。解決策として近年注目されているのが、インフラメンテナンスの民間包括契約である。

このように、これまで財源がボトルネックとなってきたインフラメンテナンスだが、今後はCO_2排出量削減という困難かつ国家的な課題が何よりも最優先になる可能性がある。インフラメンテナンスは、社会活動への負荷低減や災害時の損失低減につながり、脱炭素社会に対して大きく貢献するため、民間包括契約の課題を整理し、どのようなスキームであれば民間の事業として成立するのかを、ここで考えてみたい。

昨今、予防保全という考え方が定着しつつあるが、限られた予算と人でいかに保全を最適化するのかという「Ｈｏｗ」が明確になっていない。特に、料金収入のない自治体の橋梁保全をどうやって成り立たせるのかが難しい。つまり、ビジネスとして成立させるために、利益の源泉をどこから持ってくるのかが課題だ。

解決策の1つとなり得るのが、現行の長期予防保全計画の費用と専門家によって最適化された保全費用の差額を自治体と専門家で分け合うという案である（**図9－2**）。それには、最低限のセンサーによる判定Ⅲ（早期措置段階。構造物の機能に支障が生じる可能性があり、早期に措置を講ずべき状態）以上の常時モニタリングと、それ以外の通常点検で保全費用を抑えることが重要である。モニタリングは遠隔で、通常点検は地元の建設コンサルタント会社との協業で実施していく。

図9-2 ● 民間包括契約　スキーム1（出所：三井住友建設）

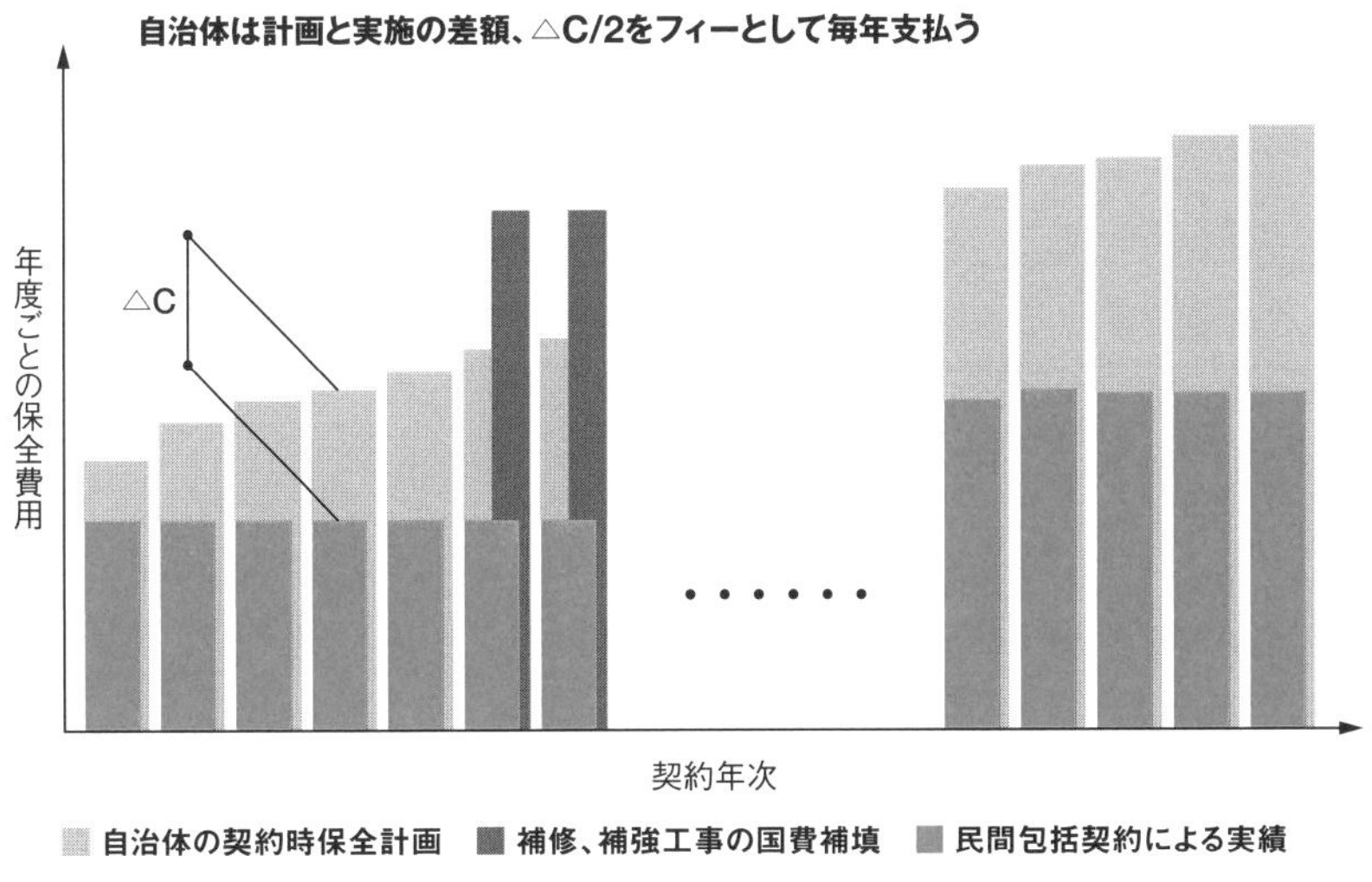

経済損失とCO_2排出量をシミュレーション

考えられるもう1つの解決策は、補修、補強工事に民間資金を活用するために、経済シミュレーションにより経済効果とCO_2排出削減量をプライシングし、その一部を対価として投資家へ還元する方法だ。当該橋梁が通行不能になった時の経済損失と通行可能にするための工事に伴うCO_2排出量は大きい。それを未然に防いだ成功報酬として、回避されたであろう経済損失とCO_2排出量をプライシングした一部をリターンする（図9-3）。このスキームはESG（環境・社会・企業統治）投資となる。自治体は民間資金の活用か国費補填かを都度選択できるが、民間の出資者と自治体にとって両者が得になる仕組みが必要である。

民間包括契約には、正確な橋梁のデータ構築が必須である。そして将来的には、長期（25～30年）でまとまった橋梁群（数百～数千橋レベル）の包括契約が必要である。それは複数の自治体にまたがってもよく、モニタリングはすべて集中管理で行われることが必須だ。

必要な情報としては、長期保全計画、橋梁のランク付け、保全の経緯とそのコスト、交通量、橋梁の設計内容である。そして、業務範囲は、定期点検、ランクⅢ以上の常時モニタリング、補修、補強計画の提言だが、災害などによる被災時は別途協議事項になる。

投資家へのリターンを支払うステークホルダーは、補修、補強によって恩恵を受ける人たちである。国、自治体、地域住民、地元企業などがその度合いに応じて支払うので、シミュレーションデータを駆使して分かりやすくスキームを説明し、事前にコンセンサスを得るプロセスが最重要となる。つまり、主権者である国民が支払った税金を自分事として何に使われていくのかを知るプロセスが必要になるということである。現在、日本で最も欠けている。

インフラの状態の的確な判断は、常時モニタリングによる余寿命予測と構造全体の劣化度の診断で省力化を図る。そして、地域社会へのインパクトも含めて補修、補強、架け替え、閉鎖などのアクションを提示できるようにする。

将来的には社会環境の変化（人口の増減など）を予測した橋梁の保全、閉鎖、拡幅、新設などのアドバイスを提供し、最小コストで最大の地域経済効果を得ることができるような保全スキームの構築を目指すべきであろう。これらのスキームは、精緻なシミュレーションツールと、金融商品化を検討する金融の専門家との協業が不可欠である。

図9-3 ● 民間包括契約　スキーム2（出所:三井住友建設）

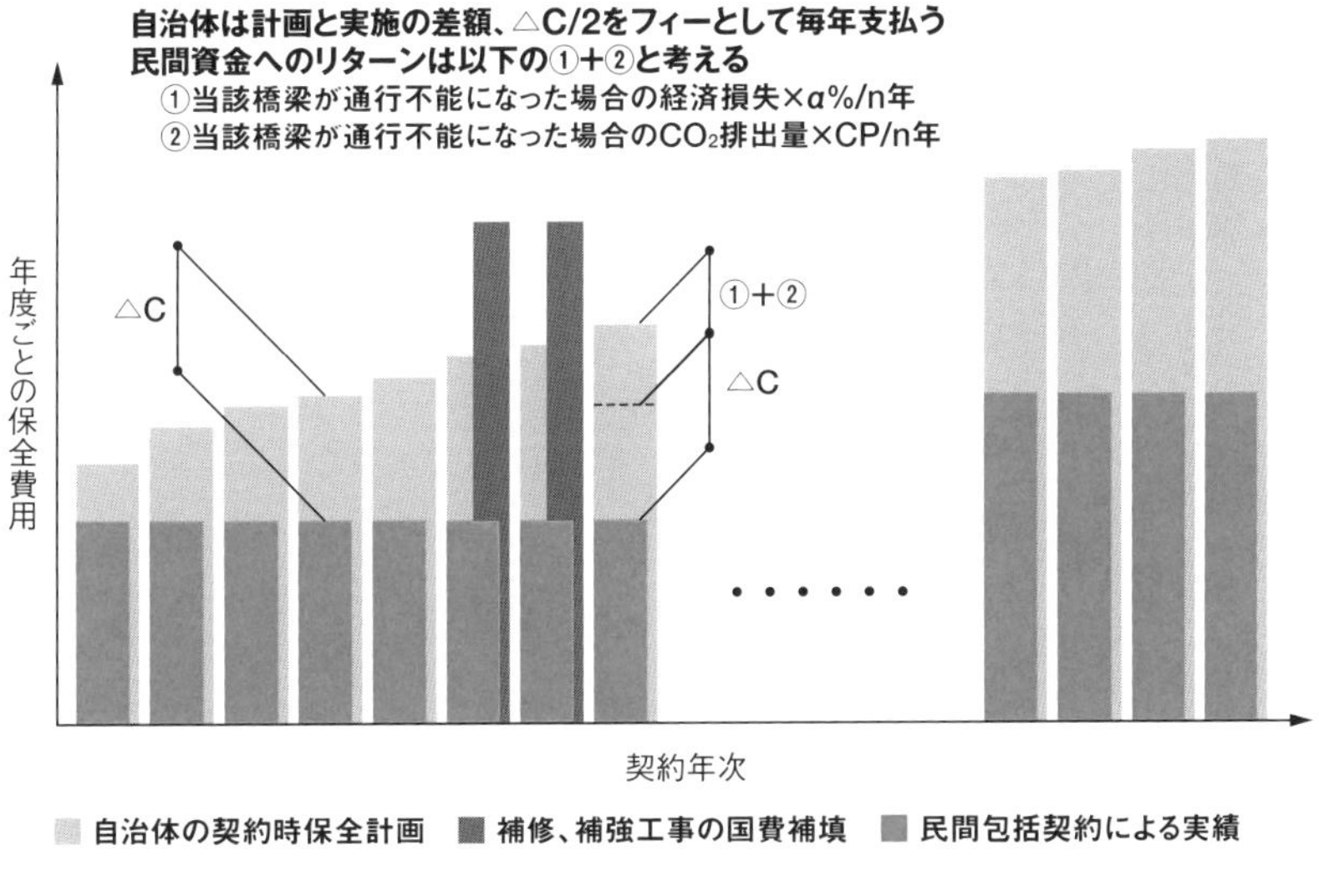

遠隔による一括集中管理

一般的に全体の数パーセントを占めるといわれている自治体のランクⅣの橋梁は、常時モニタリングが必要である。いかにコストを抑えられるかという点が重要になり、民間包括契約を成り立たせる大きな要因となる。そしてこのモニタリングは、遠隔による一括集中管理により省力化を図らなければならない。

このモニタリングの一例を図9-4に示す。システムは、構造全体の変化を捉える構造損傷検知システムと、床版の余寿命を予測する床版損傷検知システムから成る。前者は構造物の損傷による固有周期と振動モードの変動を加速度計で察知し、後者は光ファイバーで計測した通過車両の軸重を3次元モデルに逐次インプットして、床版の余寿命を予測するものである。このシステムでアラートが出れば、さらなる詳細な調査、モニタリングを実施し、管理者に適切な補修、補強方法とその時期を提言する。

モニタリングの鍵は、いかに地元の建設コンサルタント会社と協業して、保全費用を最適化するかである。ＩＣＴ（情報通信技術）、ＩｏＴ（モノのインターネット化）を駆使してできるだけ省力化を図り、3次元モデルに貼り付けたデータベースをＡＩ（人工知能）の教師データとし、点検、診断まではＡＩによる支援システムで賄うようにシステムを構築すべきである。橋の劣化は気象条件や環境などによって地域性がある。地域に根ざした技術者が、地域に特化した支援システムを使うことで、これまで述べたスキームが可能になると考える。

現在あるインフラメンテナンスに関するデータの一番の問題は、そのデータの質である。点検、診断、補修が同じレベルで適切に行われていなければ質は確保されない。繰り返される補修のやり直しや診断時の見落としは、点検する人のレベルに起因するものである。これらをいくらビッグデータ化しても的確な診断や補修の支援システムを作ることは難しい。ＡＩによる支援システムを構築する場合は、データの質をあるレベルで統一する必要がある。そのためにもできるだけ人を介さない、ＩＣＴ、ＩｏＴによるデータ収集にまず取り組まなければならない。従って、自治体のインフラ民間包括契約は、まず存在する過去データの照査から始める必要があるだろう。

　そしてもう1つの課題は基準である。現存する様々な基準は新設を想定したものであって、基本的に既設構造物は対象になっていない。残

図9-4 ● 橋梁モニタリングシステムの省力化の概念

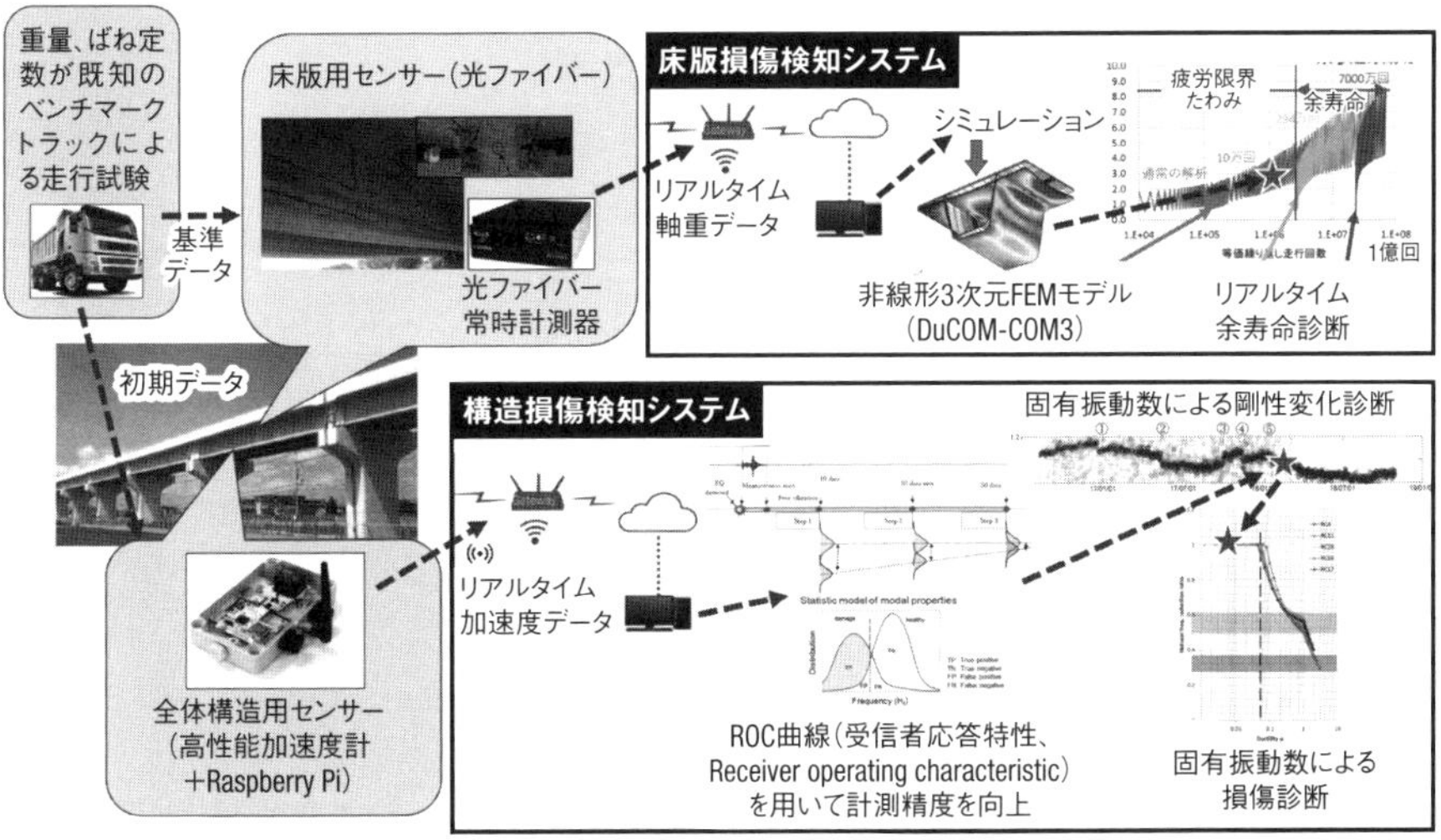

存する耐荷力の考え方を新設構造物と同列で既設構造物も設計体系の中に組み込む必要がある。２０２４年に発刊される *fib* の「Model Code 2020」の大きな特徴は、新設構造物と既設構造物を同列で扱えることにある(5)。補修、補強により新旧の部材間で耐用年数が違う場合、どうやって残存耐力を評価するのかといった内容を盛り込んでおり、国内の実務でも参考になる（図9−5）。インフラメンテナンスを産業化するためには、基準の整備も急務なのである。

図9-5 ● ライフサイクルにおける設計・施工・保全のフローチャート

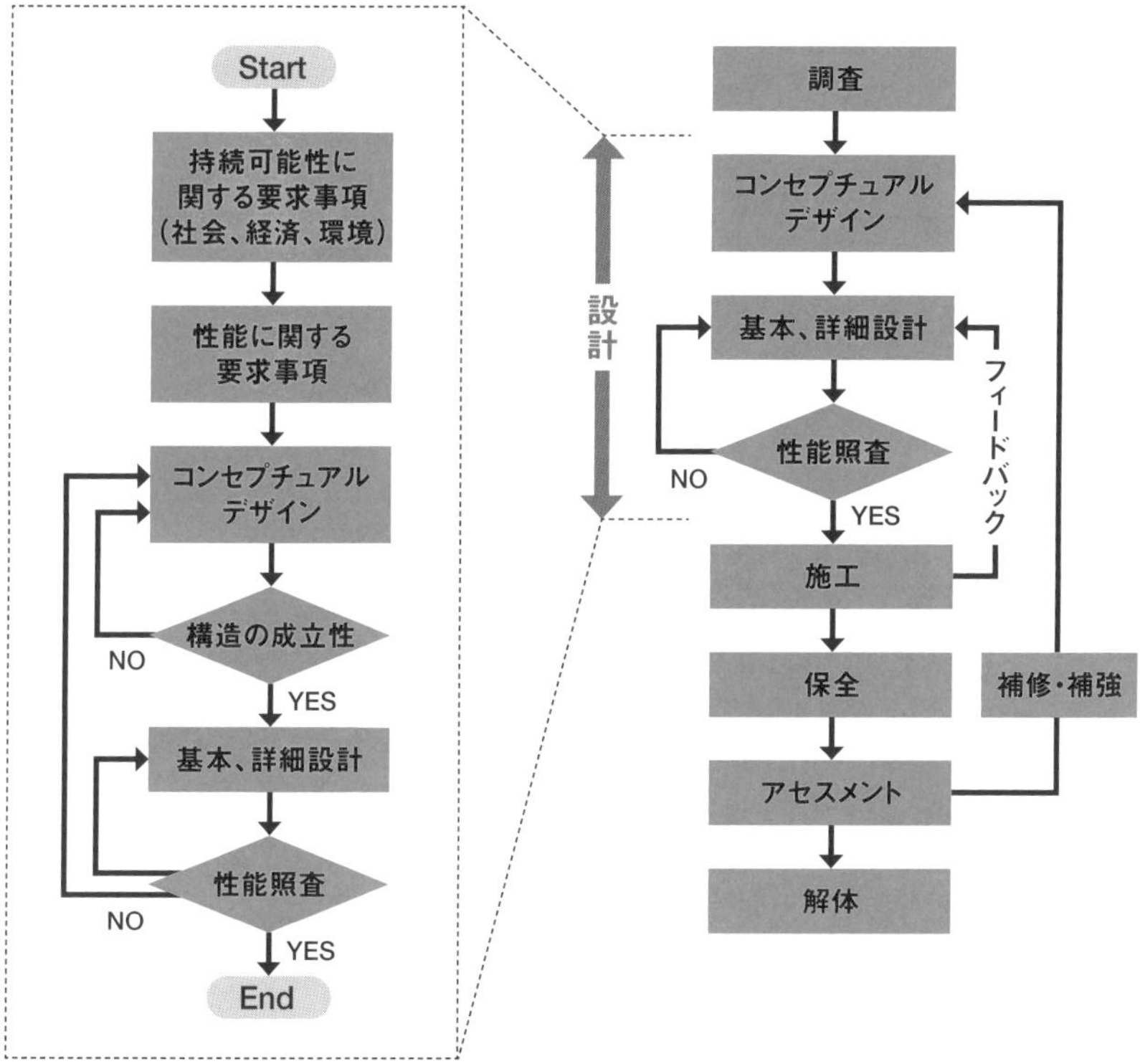

chapter 9-3

技術革新の促進のために

省庁をまたいだ産官学連携が必須

コンクリートの低炭素化では、経済産業省がグリーンイノベーション基金を出して実用化に向けた技術開発が既にスタートしている。また、経産省は2023年7月に公表した「脱炭素成長型経済構造移行推進戦略」[6]において、カーボンプライシングによるGX投資先行インセンティブの一環として、炭素に対する賦課金の導入を示唆した。そして、2026年に排出量取引制度を本格稼働するために、GX推進機構の創設を予定している。

また、新たな金融手法の活用のために、グリーン分野やトランジション分野へ民間資金を呼び込み、あるいは、公的資金と民間資金を組み合わせた金融手法であるブレンデッド・ファイナンスの開発・確立を目指して、ESG市場の拡大を図っていくようである。第4章で述べた防災の潜在カーボンクレジットの構想はまさしくこの構想に沿ったものであり、国際展開の一環として2023年度に開かれたCOP28（国連気候変動枠組条約第28回締約国会議）でアピールも行われた[7]。

セメントや鉄鋼などの監督官庁は経産省である。しかし、インフラ構造物建設後の長時間にわたる供用段階の監督官庁は、国土交通省である。インフラの保全や災害によるＣＯ２排出量の削減責任は、国交省や自治体、高速道路会社、鉄道会社が、民間の建築物はそのオーナーがそれぞれ負わなければならない。そして循環型経済に資する解体や新しいライフサイクルへの配慮もしかりである。

超高耐久な構造物の技術開発、保全の最適化のための環境整備、強靱化に民間資金を呼び込む制度作りと法整備、コンクリートの再利用を可能にする基準法の改正、そして新しい技術やスキームの国際展開――これらは、監督官庁である国交省が先導していくべきだと考える。カーボンニュートラルの一丁目一番地がエネルギーであることは間違いない。しかし、これは国家的なレベルで解決しないと全体最適化にはならない。国や自治体がどの部分のＣＯ２排出に責任を持つのかがいまだ明確にはなっていないが、企業はいずれ炭素税が導入されると排出した量の分の税金を払うことになる。

しかし、国や自治体が責任を持つＣＯ２排出量はどう考えるのか。行政が炭素税を払う訳にはいかないので、結局この部分のＣＯ２排出量も民間のスコープ3の「削減貢献量」として、削減した分の報酬を払うことに落ち着くと思われる。そして、責任範囲を明確に定義することは事業者が削減貢献量に報酬を企業へ支払う根拠となり、これが技術開発のインセンティブになる。

事業者は技術革新や技術実装に必要な研究開発に補助金を出して、是非アクセルを踏んでほしいと願う。財源は、ますは企業を対象とした炭素税の導入からが望ましい。その結果、炭素税と連動するカーボンクレジット市場が海外並みになれば、低炭素、脱炭素技術に対価を払う世論が形成される。そして、企業は安心して低炭素、脱炭素へ向けた技術革新にエネルギーを注ぐことができる。この炭素税とカーボンクレジットという両輪が有効に働いて初めて、日本のカーボンニュートラル実現への加速が始まるのである。

カーボンクレジット市場はインドネシアなど、東南アジア諸国も真剣に取り組み始めた(8)。カーボンニュートラルは日本発のスキームや技術を国際標準にするまたとないチャンスである。1つひとつステップを踏んでいては乗り遅れる。急いで困難な課題を同時に解決していかなければならない。省庁をまたいだ日本としての産官学連携が必須である。

鋼橋とコンクリート橋はどちらがCO_2を排出するか

ここでは、鋼橋とコンクリート橋のCO_2排出量の比較を、これまで述べてきた概略な試算で行ってみる（**図1**）。比較には、標準的な支間長である40mクラスの橋梁を用いる。なお、橋梁の全体におけるCO_2排出は上部工が60％を占めるため、下部工は試算上考慮していない。

鋼橋の総LCA（ライフサイクルアセスメント）は1.4tCO_2/㎡。一方でコンクリート橋の総LCAは1.4tCO_2/㎡と、上部工における橋面積当たりのコンクリート橋と鋼橋のCO_2排出量（A1～A3、B1～B5）は同等であると考えられる。

次に、工事費1億円当たりのCO_2排出量を比較する。

PC橋のコンクリートの単位体積当たりの工費は、おおよそ30万円/㎥である（材工共）。また、普通のPC橋（L＝40m、T桁）のCO_2排出量は1.3tCO_2/㎥なので、

1.3tCO_2/㎥÷0.003億円＝433tCO_2/億円

となる。鋼橋の鋼重1t当たりの工費は、おおよそ90万円/tである（材工共）。橋面積当

図1 ● 鋼橋とコンクリート橋のCO_2排出量の比較

①鋼橋（非合成鈑桁十RC床版）

1.鈑桁の総LCA

鋼重を250kg/m^{2}とすると、高炉製品の場合は製造で同量のCO_2を排出する。

また、桁製作過程でのCO_2排出量をその50%と仮定して、

$$250kgCO_2/m^2 \times 1.5 = 375kgCO_2/m^2$$

また、メンテナンス（塗装塗り替え）で排出するCO_2を建設時と同量として鈑桁のLCAは、

$$375kgCO_2/m^2 \times 2 = 0.75tCO_2/m^2$$

2.RC床版の総LCA

RC床版の平均厚さを0.25m^2/m^3、RCのCO_2排出量を1.3tCO_2/m^{3}とすると、
単位面積当たりの排出量は、

$$0.25m^3/m^2 \times 1.3tCO_2/m^3 = 0.325tCO_2/m^2$$

また、メンテナンス時に排出するCO_2を建設時と同量として、RC床版のLCAは、

$$325kgCO_2/m^2 \times 2 = 0.65tCO_2/m^2$$

従って、総LCAは以下の通りである。

$$\mathbf{0.75tCO_2/m^2 + 0.65tCO_2/m^2 = 1.4tCO_2/m^2}$$

②コンクリート橋（T桁＋RC床版）

1.RCT桁の総LCA

RCT桁の平均厚さを0.37m^3/m^2、RCのCO_2排出量を1.3tCO_2/m^{3}とすると、
単位面積当たりの排出量は、

$$0.37m^3/m^2 \times 1.3tCO_2/m^3 = 0.48tCO_2/m^2$$

2.RC床版の総LCA

RC床版の平均厚さを0.17m^3/m^2、RCのCO_2排出量を1.3tCO_2/m^{3}とすると、
単位面積当たりの排出量は、

$$0.17m^3/m^2 \times 1.3tCO_2/m^3 = 0.22tCO_2/m^2$$

従って、メンテナンス時のCO_2排出量を建設時と同量として、総LCAは以下の通りである。

$$\mathbf{(0.48tCO_2/m^2 + 0.22tCO_2/m^2) \times 2 = 1.4tCO_2/m^2}$$

たりの鋼重は、0・25t／㎡であるので、90万円／tを掛けると、23万円／㎡となる。また、普通の鋼橋（L＝40m、RC床版）のCO_2排出量は1・4tCO_2／㎡と求められたので、

1・4tCO_2／㎡÷0・0023億円＝610tCO_2／億円

となる。ラフに試算した支間長40m程度の鋼橋とコンクリート橋のLCAは、橋面積当たりのCO_2排出量にそれほど差が生じないのではないかと想像される。一方、工費1億円当たりのCO_2排出量は鋼橋が50％程度多くなる。コンクリート橋のCO_2排出量が少ないという研究成果もあり、この研究には鋼橋とコンクリート橋の支間長による排出量の比較も示されている**文献**(**1**)。これから様々な材料のカーボンフットプリントが公開されてくると、さらなる検討が可能になるだろう。

おわりに

インフラプロジェクトにとってこれから大事なことは、プロジェクトが環境、社会、経済という3つの側面に対して持続可能であると事前に示すことである。公共工事をはじめとするインフラの整備にはこれまでB／C（費用便益費）という評価値を用いてきた。しかし、スーパーコンピューターの利用が身近になることで、マクロモデルのシミュレーションが可能となり、経済の効果や損失、CO_2（二酸化炭素）排出量などの数値計算がかなりの精度で実施できるようになっている。これからは地元が要望するプロジェクトを中央に上げるという「陳情文化」から、経済シミュレーションに基づく経済発展や経済損失回避とそのリターンを明示するとこで、民間資金を投入する科学的アプローチに変えていくべきである。

そして、低炭素、脱炭素技術によるCO$_2$排出の削減量や強靱化によるCO$_2$排出の削減量をそれぞれ明確にすることで、ESG（環境・社会・企業統治）投資を呼び込み、積極的な民間資金の活用が可能となる。災害というネガティブな側面だけでなく、インフラによるストック効果というポジティブな側面も、すべて経済シミュレーションによってESG投資に資するPPP（官民連携）、PFI（民間資金を活用した社会資本整備）として組み立てることになる。そして、このようなアプローチはこれまで世界で実施されておらず、日本発のスキームになり得る。民間投資は、プライマリーバランスを標榜する日本の厳しい財政事情を解決する唯一の方法なのである。

建設材料のカーボンフットプリントは、多くがエネルギー由来である。しかし、セメントや鋼材のゼロカーボンが実現していない現在、副産物やＦＲＰ（繊維補強プラスチック）で低炭素化が可能であることは本書で示してきた。そして、供用段階の保全についても、工事は同じことであり、同様に低炭素材料の利用が可能である。一方で、建設や保全による社会活動への影響により排出されるCO_2は、最適化によりコントロールが可能であることも認識できた。一方、建設会社が現時点で他者へ依存しなければならないのが、建設段階のＡ４とＡ５である。前者はエネルギー由来、後者は重機メーカーの技術開発を待つしかない。建設のサプライチェーンでCO_2排出量は数パーセントと少ないが、ここは国交省のロードマップの加速に期待したいところである。

スクラップ＆ビルドから構造物の延命化へ

カーボンニュートラルは、低炭素化、脱炭素化という技術革新が不可欠であり、これまで価値のなかったCO_2に新しい価値が付加される。そして、コンクリート構造物は、できるだけ長持ちさせて、再利用することが供用段階の基本になる。従って、CO_2が経済、つまりお金と連動する以上、基本的には低炭素化、脱炭素化が経済活動を縮小する方向に流れていくと考えられる。しかしこの循環型経済は、これまでのスクラップ＆ビルドから、構造物の延命化によるリユースという新しいサイクルを生む。つまり、経済の縮小につながりかねない側面を持つ一方で、新しいビジネスを喚起させ、雇用も生む可能性を秘めている。

低炭素な構造物は技術革新への対価として高価になり、再利用という循環型経済は、部材のリースやオークションという新しい市場を形成する。第5章で述べたオランダのブリッジバンクは国の主導であるが、ＩＣＴ（情報通信技術）による運営は民間の得意とするところであろう。創意工夫でいろいろな新しいビジネスが生まれるチャンスにあふれているのである。

建設産業全体にサービス業の要素が入ってくれば、1億円当たりのCO_2排出量が減り、建設経済を縮小することなく低炭素化を実現できるのではないだろうか。夢のある話である。発展しながら何事も犠牲にしない技術革新と、土木技術者の意識改革、そして、夢を語りながら世の中のコンセンサスを形成する説明力が求められる。そのためには、初代土木学会長である古市公威の「将の将たる」土木を今一度再確認して、かつてのフランスの土木技術者が、国王からプロジェクトの予算を承認してもらうために経済効果までを説いたという「エンジニア・エコノミスト」**文献**[1]のような、日本の活力につなげることができる人材を育てることが求められる。

イノベーションを生む柔軟な発想は、専門知識だけでは限界がある。スティーブ・ジョブズはリベラルアーツがその基礎になると言った。一見何のつながりもないランダムな周辺記憶が、ある時「ふと」つながることでイノベーションは起こる[2]。それは、散歩や風呂に入って「ボーっ」としているときに起こるのである。この「ボーっ」とすることを脳科学では「Zone out」と呼ぶらしい。しかし、この時脳はその60～70％のエネルギーを使って活発に活動している、というのである。

この「天からアイデアが降ってくる」感覚は筆者も完全に同意する。平均値を基準にした教育、働きたい者をも抑制させる法規制、今の日本がやろうとしていることは、特異点を認めない人材の「平準化」のように思えてならない。このままでは、人材の海外流出がますます加速する。それは、日本に必要な高度な海外人材も日本を素通りさせることを意味する。人材が唯一の資源、財産である我が国は、世界に貢献できる人材を育成することにエネルギーを集中させるという覚悟が産官学に求められているのではないだろうか。

世界に先駆けたデファクトスタンダードを

本書を通して示した「400tCO$_2$/億円」という指標は、建設の様々なデータに共通することが分かってもらえたと思う。「詳細が不明」という理由で座して待つことは、敗けを意味する。世界に先駆けて日本からデファクトスタンダードを握れる革新的技術が生まれることを願うばかりである。本書がその一助になるのなら、これ以上の喜びはない。最後に本書の主旨をまとめておく。

1 CO$_2$排出量は経済、つまりお金と結びつけることで姿が見えてくる。CO$_2$排出量をGDP（国内総生産）で割った世界の平均は426tCO$_2$/億円で、先進国はこの半分である。この指標は国の経済構造と関係がある。

2 建設のサプライチェーンは広範囲にわたる。建設に関連するものを全て合算すると、世界全体のCO_2排出量の15～20％を占めていると思われる。

3 建設の主要な材料であるコンクリートと鉄鋼は、これから技術革新を成し遂げてゼロカーボンの材料を求めていくが、それまでは今ある代替材料を使って低炭素化を図らなければならない。これによって現在でも、材料製造段階で約70％のCO_2排出量の削減が可能である。

4 構造物のライフサイクルで一番長い供用段階では、材料製造段階と同等またはそれ以上のCO_2を排出する。インフラの場合、保全による建設行為と社会活動への影響に起因する。従って、できるだけ高耐久な構造物にすることが重要である。また、復興で多量のCO_2を出す災害に対しては、その経済損失よりもはるかに少ない費用での強靱化で経済損失とCO_2排出量を大幅に削減できる。ここに民間資金を投入するＰＰＰ、ＰＦＩが有効で、ＥＳＧ投資として成立する。

5 構造物の耐用期間が終わると、解体して廃棄するのではなく、できる限りリユース、リサイクルすることを考えなければならない。特に新設構造物は、解体のしやすさを考えて設計することが重要だ。既設構造物はできる限り解体せずに、機能を変えた再製品化を考えるべきである。

6 現在の技術を使っても、ＬＣＡ（ライフサイクルアセスメント）で80％レベルのCO_2排出量削減が可能である。それは低炭素な材料と超高耐久な構造物を組み合わせることだ。CO_2排出量を目的関数としてそれを最小化するためにプライシングを行い、直接コストと合わせて最適化することにより、ステークホルダーの意思決定におけるコンセンサスを得ることが容易になる。

7 カーボンニュートラルに向けた動きはまだ世界がその緒に就いたところである。そのため技術革新や新しいスキームを世界で展開できればデファクトスタンダードを握ることができる。これには国を挙げた産官学の協業が必須である。

8 ＳＸ（サステナビリティトランスフォーメーション）やＤＸ（デジタルトランスフォーメーション）は建設の業態を変える可能性を秘めている。ＤＸは生産性向上を目指し、結果的にCO_2排出量の削減に貢献できる。また、ＳＸは建設周辺の低炭素化、脱炭素化に資する新しい事業を生む起点となり、ストックビジネスに参入する足掛かりとなる。

9 CO_2排出量のカウントはまだ解決すべき課題が多いが、炭素税の導入にリンクしたカーボンクレジット市場の活性化が不可欠である。また、解決策の見えないインフラメンテナンスは、科学的手法を用いて民間資金を投入することで解決できる可能性がある。

10 喫緊の課題は、①材料のカーボンフットプリントのデータ整備、②耐久性レベルと保全レベルのデータのひもづけ、③保全が社会に与える影響の定量的把握、④新設の超高耐久化によるミニマムメンテナンス化、⑤強靭化に民間資金を活用するための法整備、⑥循環型経済対応の法整備、⑦低炭素材料の基準とその国際化、⑧CO_2吸収量の定量的把握技術である。

グローバルな最適化を希求

これからはlocalな最適化ではなく、globalな最適化を希求しなければならない。"Think

globally, build locally”である。これは、２０１０年にワシントンＤＣで開催された*fib*（国際コンクリート連合）コングレスのテーマでもあった。現在コンクリートには、CO_2の他に構成する材料の水と砂の問題もある。コンクリートの練り混ぜには飲める水が使用されるが、世界には安全な水にアクセスできない人々が20億人以上いる。また、砂は年間に75億ｔ使用されている。10ｍ×10ｍの壁を赤道上（４万km）へ造った場合に匹敵する量だ。

世界的に砂が不足しており、砂を輸入する国では立派なコンクリート構造物を造る一方で、輸出する国では深刻な環境破壊を引き起こすリスクを抱えている。第４章で述べたＦＲＰを補強材に用いたノンメタル構造では、劣化因子がないために海水でコンクリートを練ることが可能である。また、副産物の細骨材や砂漠の砂をコンクリートに使用する研究も進められている(3)。

今企業は投資家に向けて非財務情報のカーボンニュートラルに取り組んでいる。ＴＣＦＤ（気候関連財務情報開示タスクフォース）が推奨するように、これからの企業は気候変動リスクや機会を認識した経営戦略を立てていかなければならない。そしてこれからは、生物多様性に視点を置いた活動に投資するＴＮＦＤ（自然関連財務情報開示タスクフォース）にも企業は経営戦略として取り組まなければならない。水や砂は建設にとって重要なファクターとなる。

請負業である建設は、請負金の約９割が原価である。従って立て替え金が多く、毎年度末に多額の融資が必要になるという体質がずっと続いてきた。しかし、これからの投資家は非財務情報であるカーボンニュートラルや生物多様性、人権など持続可能性への取り組みを重視するようになる。従って、建設産業は受け身に構えるのではなく、積極的にこれらの課題解決にエネルギーを注がなければならない。２００８年のリーマンショックで痛手を負ったウォール街やロンドン・シティーが適切な投資先を見極めるために考えた仕組みがＴＣＦＤやＴＮＦＤである。我々は彼らの真剣度合いを見誤ってはいけない。

エネルギーが再生可能エネルギーに転換され、CO_2排出量を最小化することで、経済発展しながらCO_2排出量を減らしていくことは十分可能である。リサイクルが当たり前の世界が来て、その仕組みを支えるところに技術革新が起こって、新しい産業が生まれてくる。つまり建設は、技術革新を伴ってカーボンニュートラルを指向しながら、新しい市場を形成し誰も取り残されない世界を実現できるポテンシャルを秘めている。日本は「低炭素化、脱炭素化が経済を縮小させる」というトラウマにとらわれる必要は少しもない。技術者たちが従前取り組んできた省力化、省資源化をこれからもより強力に推し進めていけばいいのである。ただ、今回は迅速に多方面で取り掛からなければならない。今作り上げられようとしているルールが決定してからでは、日本の技術は規格外となり、現在の世界との周回遅れは挽回できないと肝に銘じなければならない。

ＳＸで建設の業態が大きく変わる未来を想像できるだろうか。建設の未来は、私たちの創造力に全てが委ねられているのである。人類がカーボンニュートラルを達成した後どうなるのかに想像を巡らせながら筆を擱く。

参考文献

第1章

(1) Favier A, De Wolf C, Scrivener K, Habert G. A sustainable future for the European cement and concrete industry. ETH, EPFL. 2018.

(2) The Guardian, Concrete: the most distractive material on Earth, Monday, 25 February 2019

(3) Vass T, Levi P, Gouy A, Mandová H. Iron and Steel [Internet]. Paris: IEA. 2021 Nov. Available from: https://www.iea.org/reports/iron-and-steel

(4) Hoffmann C, Hoey MV, Zeumer B. Decarbonization challenge for steel [Internet]. McKinsey & Company. 2020 Jun. Available from: https://www.mickinsey.com/industries/metals-and-mining/our-insights/decarbonization-challenge-for-steel

(5) JISF. Order Booked of Ordinary Finished Steel Products by Domestic Steel-Consuming Sector [Internet]. Monthly Steel Statistics Report. 2022 Aug. Available from: https://www.jisf.or.jp/en/statistics/report/index.html

(6) JOGMEC. Survey on trends in carbon dioxide emissions reduction in the iron and steel industry and its impact on coking coal demand (in Japanese) [Internet]. 2022 Mar. Available from: https://coal.jogmec.go.jp/content/300377649.pdf

(7) 春日、ＣＯ$_2$が示す「人新世」の請求書、私見卓見、日本経済新聞、２０２１年６月24日

(8) ４７００兆円が迫る経営転換、日本経済新聞、２０２１年７月20日

(9) Climate Change 2022, Mitigation of Climate Change, IPCC, 2022

(10) Gates B. How to avoid a climate Disaster. Knopf. 2021 Feb.

(11) Ritchie H, Roser M. CO2 emissions. Our World in Data. 2017 May (last revised 2020 Aug.). Available from: https://ourworldindata.org/co2-emissions#global-co2-emissions-from-fossil-fuels-and-land-use-change

(12) The World Bank open data. GDP (current US$), https://data.worldbank.org/indicator/NY.GDP.MKTP.CD

(13) 世界の排出量2割に値段、日本経済新聞、２０２１年７月１日

(14) 「炭素税１万円でも成長」、日本経済新聞、２０２１年６月22日

(15) 脱炭素へ基金 20兆円規模、日本経済新聞、２０２２年５月14日

第2章

(1) Whole life carbon assessment for the built environment 1st edition, RICS professional standards and guidance, November, 2017

(2) Collings D., The carbon footprint of bridges, Structural engineering international, 2021 May 13

(3) Collings D., Carbon footprint benchmarking data for buildings, Climate emergency, Carbon footprint benchmarking, the Structure Engineer, November/December 2020

(4) 井川、森岡、小宮、白井、小浪、我が国の建設関連企業に有する低炭素化関連技術動向の調査及び分析、土木学会論文集、Ｖｏｌ・79、Ｎｏ・６、２０２３年

(5) ＩＳＳＢ、サステナビリティ基準の最終版を公表、日経ＥＳＧ、２０２３年６月28日

第３章

(1) 令和２年度建設施工の地球温暖化対策検討分科会資料、国土交通省、２０２０年

(2) 三井住友建設、２０５０年カーボンニュートラルに向けたロードマップ、https://www.smcon.co.jp/csr/carbon-neutral/

(3) 秋田、中嶋、玉置、永元、桟１号橋の設計と施工、橋梁と基礎、２０１２年12月

(4) 芦塚、黒川、諸橋。松原、水野、富山、新名神高速道路 武庫川橋の設計と施工、橋梁と基礎、２０１５年３月

(5) 春日、エクストラドーズド橋の誕生から発展、そしてこれから、コンクリート工学、Ｖｏｌ・54、２０１６年５月

(6) 春日、“Accelerated Construction”のすすめ、プレストレストコンクリート、Ｖｏｌ・51、Ｎｏ・２、２００９年

(7) fib Commission 1、Task Group1.5 Structural Sustainability、https://fib-international.org/commissions/com1-concrete-structures.html

(8) 「ＣＯ２を用いたコンクリート等製造技術開発」プロジェクトに関する研究開発・社会実装計画、経済産業省、２０２１年10月、https://www.meti.go.jp/policy/energy_environment/global_warming/gifund/pdf/gif_09_randd.pdf

(9) 脱炭素化に向けた建設産業の排出実態と削減対策_建設経済レポート Ｎｏ・75、２０２３年

(10) 松田、篠崎、佐々木、野波、持続可能性に貢献する超低収縮・低炭素コンクリート、コンクリート工学、Ｖｏｌ・58、２０２０年１月

(11) ゼロセメントコンクリートの建築向け評定取得、日経アーキテクチュア、日経ＢＰ、２０２３年11月23日

(12) https://buildingtransparency.org/ec3

(13) The next normal in construction、McKinsey & Company、June 2020

(14) Design for Manufacturing and Assembly (DfMA)、Prefabricated Prefinished　Volumetric Construction、Building and Construction Authority, Singapore、2014

(15) ＳＳＵＴ工法、http://www.satokou.com/product/ssut_planningprocess.html

(16) ＳＱＲＩＭ工法、https://www.smcon.co.jp/service/sqrim/

(17) 安定品質、高速施工、省力化を実現する「スクライム-サット工法」の開発に着手、三井住友建設ニュースリリース、２０１７年９月15日

第４章

(1) Monoretti A.、Sustainability in the Norwegian Public Road Administration、第32回 プレストレストコンクリートの発展に関するシンポジウム、郡山、２０２３年10月

(2) https://www.vegvesen.no/fag/fokusomrader/klima-miljo-og-omgivelser/utslipp-av-klimagasser/bruk-av-veglca/

(3) Haist, M.; Bergmeister, K.; Fouad, N.A.; Curbach, M.; Deiters, M.V.; Forman, P.; Gerlach, J.; Hatzfeld, T.; Hoppe, J.; Kromoser, B.; Mark, P.; Müller, C.; Müller, H.S.; Scope, C.; Schack, T.; Tietze, M.; Voit, K.: Nachhaltiger Betonbau - Vom CO 2 - und ressourceneffizienten Beton und Tragwerk zur nachhaltigen Konstruktion; In: Bauphysik-Kalender, Schwerpunkt: Nachhaltigkeit, Fouad, Nabil A. (Eds.), Ernst & Sohn, Berlin, 2023, pp. 259-363

(4) Deutscher Beton- und Bautechnik-Verein e. V. (2015) Beispiele zur Bemessung nach Eurocode 2, Band 2: Ingenieurbau, 1. Auflage. Berlin: Ernst & Sohn.

(5) Lange, M.; Hendzlik, M.; Schmied, M. (2020) Klimaschutz durch Tempolimit – Wirkung eines generellen Tempolimits auf Bundesautobahnen auf die Treibhausgas- emissionen in: Texte/Umweltbundesamt 38/2020, Dessau- Roßlau: Umweltbundesamt

(6) Corres, H., et. al、The widening of Los Santos bridge. A case study of a Tailor-Made Structure、https://www.researchgate.net/publication/45179545_The_

widening_of_Los_Santos_bridge_A_case_study_of_a_Tailor-Made_Structure

(7) Vittoria Borghese et.al, Sustainable Concrete Infrastructures Rehabilitation: Comparing Interventions with Multi-criteria Decision Analysis, fib 2023 Symposium, Istanbul

(8) 別埜谷橋上部工で非鉄ＰＣ単径間非鉄製バタフライウェブ箱桁橋「Dura-Bridge®」を初施工、道路構造物ジャーナルＮＥＴ、https://www.kozobutsu-hozen-journal.net/walks/11636/

(9) ＮＥＸＣＯ西日本　中国道蓼野第二橋　非鉄製床版「Dura-Slab®」を高速道路橋に初採用、道路構造物ジャーナルＮＥＴ、https://www.kozobutsu-hozen-journal.net/walks/25714/

(10) fib Bulletin 104, 2022 fib Awards for Outstanding Concrete Structures、https://fib-international.org/federation/awards.html

(11) https://www.dezeen.com/2023/02/21/henn-and-tu-dresden-complete-worlds-first-carbon-concrete-building/

(12) 春日、コンクリート構造物のライフサイクルにおける低炭素化の方策、土木施工、２０２３年11月

(13) 土木学会、「国難」をもたらす巨大災害対策についての技術検討報告、２０１８年

(14) 水谷他、南海トラフ巨大地震の災害廃棄物処理に要する費用とＣＯ^{2}排出量の推計、第28回廃棄物資源循環学会研究発表会講演原稿２０１７

(15) 国土強靭化定量的脆弱性評価・報告書（中間とりまとめ）、土木学会、２０２４年３月14日

(16) 経済産業省、レジリエンス社会の実現に向けた産業政策研究会中間整理、２０２３年４月

(17) https://jpn.nec.com/press/202302/20230206_01.html

(18) 例えば、看板倒れのESGさらば、日本経済新聞、２０２３年６月19日

(19) 鎌谷、川端、春日、藤井、防災インフラ投資における成果連動型民間委託契約（ＰＦＳ）に関する研究、実践政策学第７巻１号２０２１年

(20) 鎌谷、防災インフラ投資のおけるＰＦＳ（成果連動型民間委託契約）の成立性に関する研究、京都大学大学院工学研究科　都市社会工学専攻修士論文、令和２年２月

(21) レジリエンスジャパン推進協議会　防災インフラＰＦＳ研究会、防災投資への民間資金活用のための防災ＳＩＢの社会実装についての提言、２０２２年４月

(22) 藤井良広、サスティナブルファイナンス攻防　理念の追求と市場の覇権、一般社団法人　金融財政事情研究会、２０２１年

(23) 藤井敏彦、サステナビリティ・ミックス　CSR, ESG, SDGs, タクソノミー, 次にくるもの、日科技連、２０１９年

(24) アダプテーション（適応）ファイナンス・ガイダンス、ＲＩＥＦ、適応ファイナンス研究会、環境金融研究機構、２０２３年６月

(25) Gill, A., Lalith, M., Kawashima, M., Kasuga, A., Assessment of Environmental Burden of Natural Disasters by Estimation CO2-Emissions by Performing Fine-Grained End-to-End Simulations of Disasters and Economy, fib Symposium 2023

(26) IPCC Working Group I. (2021). *Climate Change 2021 The Physical Science Basis (Sixth Assessment Report of IPCC).*

(27) Gajda, J. (2001). Absorption of Atmospheric Carbon Dioxide by Portland Cement Concrete.

(28) Lagerblad, B. (2005). Carbon dioxide uptake during concrete life cycle : State of the art. Swedish Cement and Concrete Research Institute.

(29) Glavind, M. (2006). CO2 uptake during the concrete life cycle. www.teknologisk.dk

(30) Engelsen, C. J., Mehus, J., Pade, C., & Saether, D. H. (2005). Carbon dioxide uptake in demolished and crushed concrete.

(31) Xi, F., Davis, S. J., Ciais, P., Crawford-Brown, D., Guan, D., Pade, C., Shi, T., Syddall, M., Lv, J., Ji, L., Bing, L., Wang, J.,

Wei, W., Yang, K. H., Lagerblad, B., Galan, I., Andrade, C., Zhang, Y., & Liu, Z. (2016). Substantial global carbon uptake by cement carbonation. Nature Geoscience, https://doi.org/10.1038/ngeo2840

(32) Possana, E., Thomaz, W. A., Aleandri, G. A., Felix, E. F., & dos Santos, A. C. P. (2017). CO2 uptake potential due to concrete carbonation: A case study. Case Studies in Construction Materials, https://doi.org/10.1016/j.cscm.2017.01.007

(33) Guo, R., Wang, J., Bing, L., Tong, D., Ciais, P., Davis, S. J., Andrew, R. M., Xi, F., & Liu, Z. (2021). Global CO2uptake by cement from 1930 to 2019. Earth System Science Data, 13(4), 1791–1805. https://doi.org/10.5194/essd-13-1791-2021

(34) Sanjuán, M. Á., Andrade, C., Mora, P., & Zaragoza, A. (2020). Carbon dioxide uptake by cement-based materials: A spanish case study. Applied Sciences (Switzerland), 10(1). https://doi.org/10.3390/app10010339

(35) Stripple, H., Ljungkrantz, C., Gustafsson, T., & Andersson, R. (2021). CO2 uptake in cement-containing products. www.ivl.se

(36) Sanjuán, M. Á., Andrade, C., Mora, P., & Zaragoza, A. (2020). Carbon dioxide uptake by cement-based materials: A spanish case study. Applied Sciences (Switzerland), 10(1). https://doi.org/10.3390/app10010339

(37) Friedlingstein, P., O'Sullivan, M., Jones, M. W., Andrew, R. M., Hauck, J., Olsen, A., Peters, G. P., Peters, W., Pongratz, J., Sitch, S., Le Quéré, C., Canadell, J. G., Ciais, P., Jackson, R. B., Alin, S., Aragão, L. E. O. C., Arneth, A., Arora, V., Bates, N. R., ⋮ Zaehle, S. (2020). Global Carbon Budget 2020. Earth System Science Data, 12(4), 3269–3340. https://doi.org/10.5194/essd-12-3269-2020

(38) Cao, Z., Myers, R. J., Lupton, R. C., Duan, H., Sacchi, R., Zhou, N., Reed Miller, T., Cullen, J. M., Ge, Q., & Liu, G. (2020). The sponge effect and carbon emission mitigation potentials of the global cement cycle. Nature Communications, 11(1). https://doi.org/10.1038/s41467-020-17583-w

(39) Achternbosch, M., & Stemmermann, P. The carbon uptake by carbonation of concrete structures-some remarks by perspective of TA, Karlsruhe Institute of Technology, 2021.

(40) Ling, T. C., & Tiong, M. (2021). Developing carbon-neutral construction materials using wastes as carbon sink. IOP Conference Series: Earth and Environmental Science, 861(7) https://doi.org/10.1088/1755-1315/861/7/072018

(41) Wang, J., & Qian, X. (2019). Addition of Carbon Dioxide to Concrete Mixtures.

(42) Miller, S. A., Van Roijen, E., Cunningham, P. R., & Kim, A. (2021). Opportunities and challenges for engineering construction materials as carbon sinks. RILEM Technical Letters, 6, https://doi.org/10.21809/RILEMTECHLETT.2021.146

(43) Carbicrete. Retrieved October 18, 2023, from https://carbicrete.com/

(44) SHAO, Y., XIAN, X., & MAHOUTIAN, M. (2022). Low Pressure Carbonation Curing of Concrete Elements and Products in an Expandable Enclosure.

(45) Stefaniuk, D., Hajduczek, M., Weaver, J. C., Ulm, F. J., & Masic, A. (2023). Cementing CO2 into C-S-H: A step toward concrete carbon neutrality. PNAS Nexus, 2(3). https://doi.org/10.1093/pnasnexus/pgad052

(46) Wyrsta, M. D. (2023). Compositions and Methods for Improved Carbonation Curing of Concrete.

(47) 野口貴文、２０５０年カーボンニュートラルに対するコンクリートの挑戦、国土政策研究所、ＪＩＣＥ ＲＥＰＯＲＴ、２０２２年

第5章

(1) 例えば、https://www.cbc.ca/news/canada/ottawa/prince-of-wales-bridge-ottawa-high-line-1.3726390
(2) 西岡常一、木に学べ、小学館文庫、２００３年
(3) https://www.superuse-studios.com/
(4) https://www.nationalebruggenbank.nl/en/
(5) https://www.cementonline.nl/article/15779/ODIhYzMwMjM0YTIyZWY1MTkwZGZkYzY1NWM0MDAyZWU=
(6) https://www.remanufacturing.eu/about-remanufacturing.php
(7) ＲＣ造建築物の解体・リユースが可能なスクライム・サット・サーブ工法を開発 -サスティナブルな環境配慮建築物の実現を目指して-、三井住友建設ニュースリリース、２０１９年11月29日
(8) 下平、他、柱をアンボンドＰＣａＰＣ部材とした柱梁接合部の実験的検討(その２　Ｔ形接合部実験)、日本建築学会大会学術講演梗概集、２０２２年

第6章

(1) 古川浩平、角谷務、新井英雄、春日昭夫、コスト最小規準によるＰＣ斜張橋の最適斜材張力決定法に関する研究、土木学会論文集、第３９２号、Ⅰ-９、１９８８年４月
(2) Arifa Z. Kasuga A. LCA of a challenging low carbon ultra-high durability non-metallic bridge. Proceedings of the fib Congress, Oslo. pp 2100-2109, 2022
(3) Moomen M. Qiao Y. Agbelie B. R. LabiS. Sinha, K.C. Bridge deterioration models to support Indiana's bridge management system, IN: Purdue University, 2016.
(4) Maldonado S. Bowman M. Life-Cycle Cost Analysis for Short and Medium-Span Bridges. Joint Transportation Research Program, Technical Report, Indiana Department of Transportation and Purdue University, SPR-3914. Report Number: FHWA/IN/JTRP-2019/09.
(5) Nonami Y. Sanga T. Fujioka T. Asai H. Bending property of full size PC Girder using AFRP rods as pre-tension tendon which passed 28 years after construction. fib symposium, 2019.
(6) Kasuga A. Evolution of bridge construction by nonmetallic technologies, fib Structural Concrete 2023
(7) Shinozaki H. Matsuda T. Kkasuga A. Construction of non-metallic bridge using zero cement concrete. Proceedings of the fib Congress, Oslo. pp 2488-2197, 2022

第7章

(1) Kasuga, A., Evolution of fib model codes: Mastering challenges and encountering new ones, fib Structural Concrete, pp4336-4340, 2023
(2) Kasuga A., The fib official statement on sustainability, fib Structural Concrete, pp1909-1910, 2021
(3) The Guardian, Concrete: the most distractive material on Earth, Monday, 25 February 2019
(4) https://committees.jsce.or.jp/2022_Presidential_Project03/
(5) https://lc3.ch/
(6) 経済産業省、レジリエンス社会の実現に向けた産業政策研究会中間整理、２０２３年４月
(7) https://jpn.nec.com/press/202302/20230206_01.html

第8章

(1) https://www.youtube.com/watch?v=oU_b5SA8CCQ&feature=youtu.be
(2) ＥＹ ストラテジー・アンド・コンサルティング編、カーボンＺＥＲＯ気候変動経営、日本経済新聞社、２０２１年

(3) 滝澤美帆、日米産業別労働生産性水準比較、公益財団法人 日本生産性本部 生産性研究センター、生産性レポート Ｖｏｌ.12、２０２６年12月
(4) 滝澤美帆、産業別労働生産性の国際比較：水準とダイナミクス、独立行政法人 経済産業研究所、RIETI Policy Discussion Paper Series 18-P-007、２０１８年４月
(5) 古屋星斗＋リクルートワークス研究所、「働き手不足１１００万人」の衝撃、プレジデント社、２０２４年２月
(6) ＤＣＭマネジメント　三井住友建設の挑戦（上）、（中）、（下）、建設通信、２０１５年９月14日、15日、16日
(7) 矢野和男、データの見えざる手、草思社、２０１４年
(8) インフラ政策研究会、インフラ・ストック効果、中央公論社、２０１５年
(9) https://www.jb-honshi.co.jp/corp_index/press/pdf/2019/190415press-1-a.pdf、本州四国連絡高速道路株式会社、２０１９年

第９章

(1) ＩＳＳＢ、サステナビリティ基準の最終版を公表、日経ＥＳＧ、２０２３年６月28日
(2) 温室効果ガス排出量のグローバル算定基準「ＧＨＧプロトコル」、現行基準の全面改定へ。気候情報開示の共通化に対応。再エネクレジット等の算定明確化が焦点。「Ｓｃｏｐｅ４」登場か、一般社団法人環境金融研究機構、２０２３年２月27日、https://rief-jp.org/ct4/132926?ctid=
(3) 「デジタルとの掛け算がカギだ」コンクリートを〝ＮＦＴ化〟する理由、日経アーキテクチュア、２０２３年５月25日
(4) https://buildingtransparency.org/ec3
(5) Kasuga, A., Evolution of fib model codes: Mastering challenges and encountering new ones, fib Structural Concrete, pp4336-4340, 2023
(6) 経済産業省、脱炭素成長型経済構造移行推進戦略【ＧＸ推進戦略】、２０２３年７月
(7) https://www.meti.go.jp/press/2023/12/20231208006/20231208006.html
(8) 排出量取引所「ハブ」を競う、日本経済新聞、２０２３年11月８日

おわりに

(1) 栗田啓子、エンジニア・エコノミスト ― フランス公共経済学の成立、東京大学出版会、１９９２年
(2) 中山正和、カンの構造、中公新書、１９６８年
(3) Othman O, Yehia S, Elchalakani M. Development of high strength concrete with fine materials locally available in UAE. fib Oslo Congress. 2022 Jun.

コラム

第１章

(1) 春日、ＣＯ２が示す「人新世」の請求書、私見卓見、日本経済新聞、２０２１年６月24日
(2) ４７００兆円が迫る経営転換、日本経済新聞、２０２１年７月20日
(3) Climate Change 2022, Mitigation of Climate Change, IPCC, 2022
(4) 脱炭素へ基金20兆円規模、日本経済新聞、２０２２年５月14日
(5) 脱炭素４００兆円投資を、日本経済新聞、２０２２年４月22日

第２章

(1) トヨタ　サスティナビリティデータブック２０２３
(2) 2022-tesla-impact-report

第3章

（1）サステナブルな地盤改良材「サスティンＧｅｏ™」を開発、三井住友建設（株）ニュースリリース、２０２３年11月21日

（2）https://www.vegvesen.no/fag/fokusomrader/forskning-innovasjon-og-utvikling/innovasjonspartnerskap/klimagrunn/

第4章

なし

第5章

（1）精密衝撃破砕工法「SMartD®」を床版取替工事で初適用、三井住友建設（株）ニュースリリース、２０２３年12月５日

（2）株式会社ニチゾウテックホームページ：放電破砕工法、https://www.nichizotech.co.jp/technology/discharge/

第6章

（1）国土交通省、https://www.mlit.go.jp/road/ir/ir-perform/h18/07.pdf

（2）日本道路協会、世界の道路統計、２００５年

（3）http://www.fhwa.dot.gov/policyinformation/statistics/

第7章

（1）Mathivat, J., Recent Development in Prestressed Concrete Bridges, FIP Note, 1988. 2

（2）Extradosed Bridges、Structural Engineering Documents 17、IABSE, 2019

（3）春日、エクストラドーズド橋の誕生から発展、そしてこれから、コンクリート工学、Ｖｏｌ・54、２０１５年５月

（4）２０２２年度版 ＰＣ道路橋工事費実績、一般社団法人 プレストレストコンクリート建設業協会、２０２２年

（5）住友ゴム工業、https://miraie.srigroup.co.jp/

第8章

（1）受け身の姿勢から脱却する建設業界、未来の道路づくりを主導する、日経ＸＴＥＣＨ、２０２３年３月20日

（2）可視光通信使い３次元計測、三井住友建設、慶応大、中川研究所、日刊建設工業新聞、２００８年２月19日

第9章

（1）泉満明、プレストレストコンクリート構造物の建設に関連した環境問題、プレストレストコンクリート、Ｖｏｌ・47、Ｎｏ・６、２００５年

春日 昭夫（かすが・あきお）

三井住友建設エグゼクティブフェロー
東京大学大学院工学系研究科社会基盤学専攻上席研究員

1957年福岡県生まれ。80年九州大学工学部土木工学科卒業後、住友建設株式会社（現在の三井住友建設株式会社）に入社。コンクリート橋、複合橋、コンクリート構造物の設計、施工、技術開発に従事。技術本部長や副社長を経て2024年4月から現職。取得した特許は100件以上に上る。1989～1990年には米国テキサス大学オースチン校で客員研究員を務める。博士（工学）、技術士。

主な対外活動は土木学会、プレストレストコンクリート工学会、日本コンクリート工学会、*fib*（国際コンクリート連合）、IABSE（国際橋梁構造工学協会）。*fib*では2021～2022年に日本人初となる会長を務める。2023年には*fib*名誉会長を授与。

主な受賞歴は以下の通り。*fib*（国際コンクリート連合）のAward for Outstanding Structure（最優秀構造賞）を青雲橋（2006年）、田久保川橋（2018年）で受賞。2012年に土木学会田中賞論文部門を受賞。2013年にTrophy Eugene Freyssinet（仏、フレシネートロフィー）を、2021年にAlbert Caquot PrizeをAFGC（フランス土木学会）よりそれぞれ受賞した。いずれも日本人初。

実践 建設カーボンニュートラル
コンクリートから生まれる45兆円の新ビジネス

2024年6月3日　初版第1刷発行

著者　春日 昭夫
編者　日経コンストラクション
編集スタッフ　真鍋政彦
発行者　浅野祐一
発行　株式会社日経BP
発売　株式会社日経BPマーケティング
〒105-8308　東京都港区虎ノ門4-3-12
アートディレクション　奥村 靫正（TSTJ Inc.）
デザイン　真崎 琴実（TSTJ Inc.）
印刷・製本　図書印刷株式会社

ISBN：978-4-296-20490-8

本書籍に関するお問い合わせ、ご連絡は下記にて承ります。
https://nkbp.jp/booksQA